稻虾养殖模式

池塘鱼菜共生

大水面生态养殖

水库生态鱼

多级过滤系统尾水处理技术模式

工程化生态循环养殖

工厂化养殖

鱼菜共生工厂化

2024
重庆渔业统计年鉴

重庆市水产技术推广总站　编

中国农业出版社
北　京

图书在版编目（CIP）数据

2024 重庆渔业统计年鉴 / 重庆市水产技术推广总站
编. -- 北京：中国农业出版社，2024. 8. -- ISBN 978-
7-109-32269-1

Ⅰ. F326.4-66

中国国家版本馆 CIP 数据核字第 2024R4Y060 号

2024 重庆渔业统计年鉴

2024 CHONGQING YUYE TONGJI NIANJIAN

中国农业出版社出版

地址：北京市朝阳区麦子店街 18 号楼
邮编：100125
责任编辑：陈　瑨
版式设计：王　晨　　责任校对：吴丽婷
印刷：中农印务有限公司
版次：2024 年 8 月第 1 版
印次：2024 年 8 月北京第 1 次印刷
发行：新华书店北京发行所
开本：787mm×1092mm　1/16
印张：8.75　　插页：2
字数：170 千字
定价：98.00 元

本书编辑委员会

编 者 说 明

一、《重庆渔业统计年鉴》以正式出版年份标序，其统计数据起讫日期：2023 年 1 月 1 日至 12 月 31 日。

二、统计数据中，数据来源于重庆市 39 个区县（高新区）。本书石柱土家族自治县、秀山土家族苗族自治县、酉阳土家族苗族自治县、彭水苗族土家族自治县、万盛经济技术开发区、高新技术产业开发区均使用简称表示，分别为石柱县、秀山县、酉阳县、彭水县、万盛区、高新区。

三、主要统计指标数据执行 2017 年度国家统计局批准执行的统计指标体系（国统制〔2017〕173 号）。

四、度量衡单位采用国际统一标准计量单位，涉及水产品产量数字一律采用 1996 年制定的水产品产量统计新标准统计，亩作为非法定计量单位在本书不做换算，1 亩＝1/15 公顷。

五、部分数据的合计数或相对数由于单位取舍不同而产生的计算误差，均未做机械调整。

六、各表中的空格表示该项统计指标数据不足本表最小单位数、数据不详或无该项数据。

七、本书附录"渔业统计指标解释"节选自《2024 中国渔业统计年鉴》，不涉及条目使用"略"表示。

八、本年鉴数据如有误列，敬请及时指正。

目　录

编者说明

2023 年重庆市渔业统计情况综述

一、渔业经济总产值

按当年价格计算，全市渔业经济总产值 223.08 亿元。其中，渔业生产产值（由重庆市统计局核定）142.87 亿元，渔业工业和建筑业产值 14.94 亿元，渔业流通和服务业产值 65.27 亿元。

二、水产品产量、人均占有量及渔民人均纯收入

全市水产品产量 588 903 吨，同比增长 3.99%。其中，养殖产量 588 903 吨，捕捞产量 0 吨。水产品人均占有量 18.4 千克（按 3 200 万人计）。全市渔民人均纯收入 23 149 元，同比增长 2.06%。

在全市渔业生产中，淡水养殖产量 588 903 吨。其中，鱼类产量 560 710 吨，同比增加 19 356 吨，同比增长 3.58%；甲壳类产量 21 250 吨，同比增加 3 508 吨，同比增长 19.77%；贝类产量 106 吨，同比减少 12 吨，同比下降 10.17%。淡水养殖鱼类产量中，草鱼产量最高，为 150 755 吨；鲢鱼位居第二，为 115 848 吨；鲫鱼位居第三，为 100 660 吨。甲壳类产量中，虾类产量 20 853 吨，其中克氏原螯虾 18 272 吨；蟹类（专指河蟹）产量 397 吨，同比下降 37.38%。贝类产量中，螺产量 106 吨。其他类产量中，鳖产量 1 234 吨，同比减少 356 吨，同比下降 22.39%；蛙产量 5 495 吨，同比基本持平。

由于长江全面禁渔，捕捞渔船全部上岸，所以淡水捕捞产量为 0 吨。

三、水产养殖面积

全市水产养殖面积 86 353 公顷，同比增加 1 102 公顷，同比增长 1.29%。其中，池塘养殖面积 49 736 公顷，同比减少 119 公顷，同比下降 0.24%；水库养殖面积 36 503 公顷，同比增加 1 203 公顷，同比增长 3.41%；稻田养成鱼面积 32 777 公顷，同比增加 6 179 公顷，同比增长 23.23%。其他面积 114 公顷，主要是指设施渔业

（流水养殖、池塘内循环、高位池、集装箱等）的面积。池塘、水库和其他养殖方式面积分别占淡水养殖总面积的 57.60％、42.27％、0.13％。

四、主要水产苗种

全市淡水鱼苗 79.93 亿尾，同比减少 6.45 亿尾，同比下降 7.47％。淡水鱼种 67 228 吨，同比减少 8 627 吨，同比下降 11.37％。投放鱼种 110 036 吨，同比增加 2 632 吨，同比增长 2.45％。虾类育苗 7.10 亿尾，同比增加 2.45 亿尾，同比增长 52.69％。

五、水产品加工

全市水产品加工企业 15 个，同比增加 2 个，规模以上水产品加工企业 6 个，同比增加 2 个。水产品加工总量 2 323 吨，同比增加 1 074 吨，同比增长 85.99％。其中，冷冻加工品产量 186 吨，同比增加 138.46 吨；用于加工的水产品产量 3 048 吨，同比增加 1 313 吨，同比增长 75.68％。

六、渔船拥有量

年末渔船总数 462 艘、总吨位 5 090 吨，同比分别增加 115 艘、增加 2 533 吨。其中，机动渔船 291 艘、总吨位 2 237 吨、总功率 25 026 千瓦，非机动渔船 171 艘、总吨位 2 853 吨。机动渔船中，生产渔船 95 艘、总吨位 617 吨、总功率 1 553 千瓦，全部为养殖渔船。辅助渔船中，执法渔船 169 艘、总吨位 1 447 吨、总功率 23 038 千瓦。

七、渔业人口和渔业从业人员

全市渔业人口 34.80 万人，同比减少 0.78 万人，同比下降 2.19％。渔业从业人员 30.30 万人，同比减少 0.28 万人，同比下降 0.94％。

八、渔业灾情

全市因渔业灾情造成水产品总量损失 7 821 吨，同比增加 2 913 吨，同比增长 59.35％；经济损失 19 059 万元，同比增加 10 415 万元，同比增长 120.70％。其中，受灾养殖面积 5 475 公顷，同比增加 4 381 公顷，同比增长 400.46％。无重大人员伤亡。

2023 年重庆市主要统计指标统计图

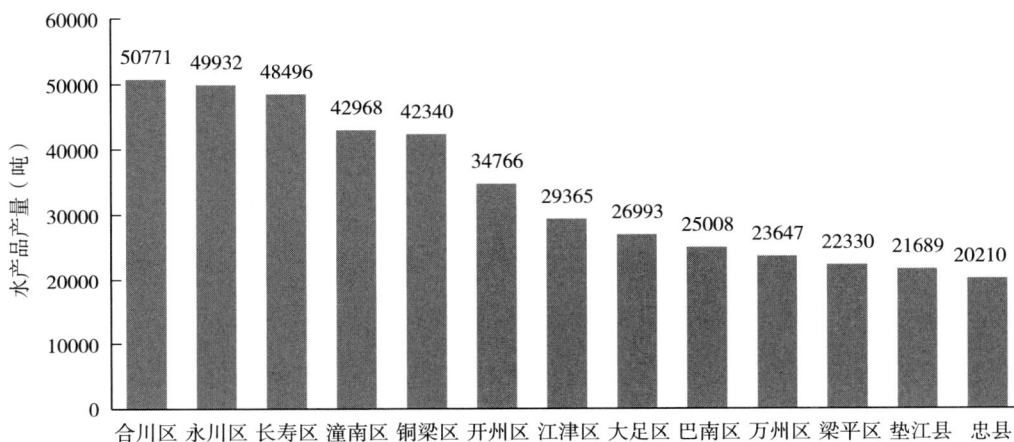

图 1　2023 年重庆市水产品产量超过 2 万吨的区县

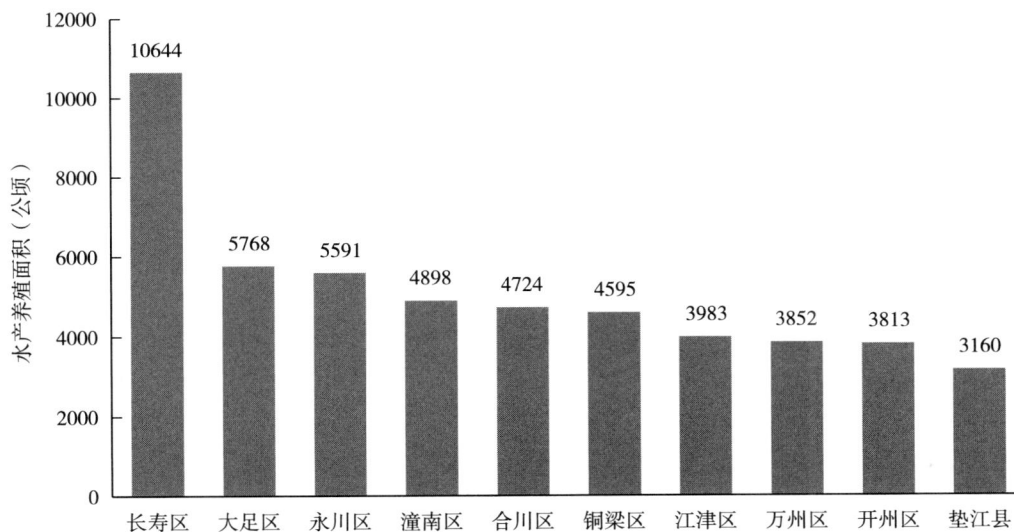

图 2　2023 年重庆市水产养殖面积前十区县

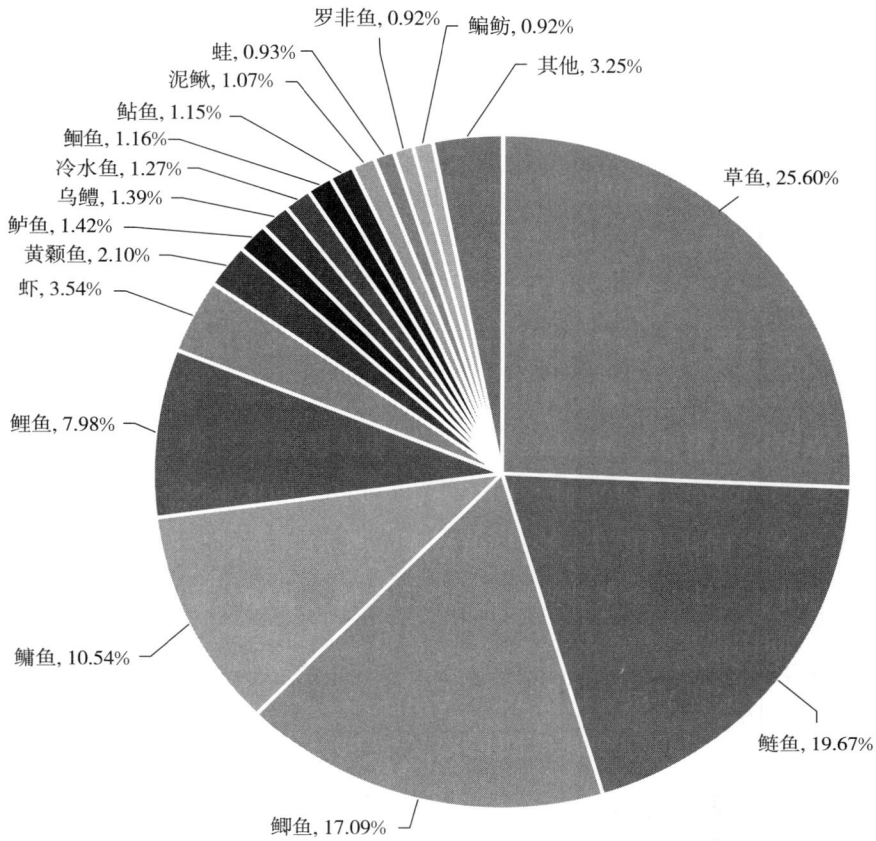

图 3　2023 年重庆市主要淡水养殖品种构成及占比

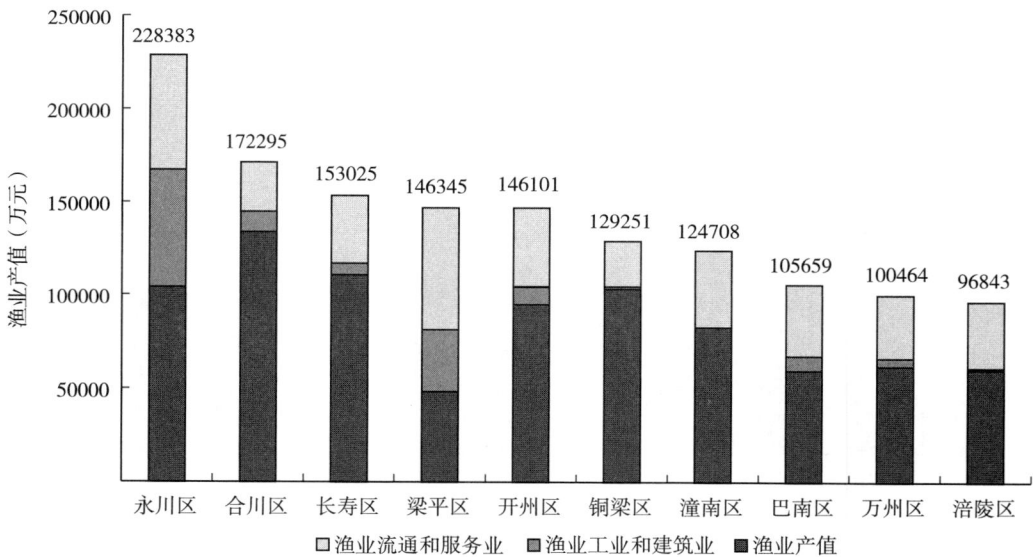

图 4　2023 年重庆市渔业产值前十区县

第一部分

主要指标及增减情况

全市水产品产量增减情况

指 标	2023 年（吨）	2022 年（吨）	2023 年比 2022 年增减	
			绝对量（吨）	幅度（％）
水产品产量	588 903.00	566 303.00	22 600.00	3.99
一、鱼类	560 709.72	541 354.00	19 355.72	3.58
二、甲壳类	21 250.15	17 742.00	3 508.15	19.77
虾	20 853.35	17 108.00	3 745.35	21.89
其中：罗氏沼虾	356.65	256.00	100.65	39.32
青虾	257.00	310.00	−53.00	−17.10
克氏原螯虾	18 272.00	15 176.00	3 096.00	20.40
南美白对虾	1 588.70	1 140.00	448.70	39.36
蟹（河蟹）	396.80	634.00	−237.20	−37.41
三、贝类	106.00	118.00	−12.00	−10.17
其中：螺	106.00	118.00	−12.00	−10.17
四、观赏鱼（万条）	85 353 425	107 271 136	−21 917 711	−20.43
五、其他类	6 837.13	7 089.00	−251.87	−3.55
其中：龟	58.00	52.00	6.00	11.54
鳖	1 234.00	1 590.00	−356.00	−22.39
蛙	5 494.63	5 445.00	49.63	0.91

全市淡水养殖主要鱼类产量增减情况

指　　标	2023 年 (吨)	2022 年 (吨)	2023 年比 2022 年增减	
			绝对量（吨）	幅度（％）
青　　鱼	2 945.61	2 555.00	390.61	15.29
草　　鱼	150 754.78	140 013.00	10 741.78	7.67
鲢　　鱼	115 848.18	110 531.00	5 317.18	4.81
鳙　　鱼	62 060.92	59 549.00	2 511.92	4.22
鲤　　鱼	46 992.33	45 210.00	1 782.33	3.94
鲫　　鱼	100 659.81	99 432.00	1 227.81	1.23
鳊　　鲂	5 393.23	6 095.00	−701.77	−11.51
泥　　鳅	6 271.93	8 033.00	−1 761.07	−21.92
鲇　　鱼	6 764.10	7 083.00	−318.90	−4.50
鮰　　鱼	6 859.00	7 508.00	−649.00	−8.64
黄 颡 鱼	12 364.43	13 158.00	−793.57	−6.03
鲑　　鱼	130.00	97.00	33.00	34.02
鳟　　鱼	1 651.00	1 274.00	377.00	29.59
短盖巨脂鲤	99.00	103.00	−4.00	−3.88
长 吻 鮠	2 723.50	3 030.00	−306.50	−10.12
黄　　鳝	1 050.71	1 188.00	−137.29	−11.56
鳜　　鱼	592.51	461.00	131.51	28.53
鲈　　鱼	8 388.26	8 420.00	−31.74	−0.38
乌　　鳢	8 174.67	8 232.00	−57.33	−0.70
罗 非 鱼	5 408.46	5 654.00	−245.54	−4.34
鲟　　鱼	5 186.00	5 265.00	−79.00	−1.50
大　　鲵	104.00	160.00	−56.00	−35.00
翘嘴红鲌	3 393.69	3 712.00	−318.31	−8.58
中华倒刺鲃	1 031.80	1 005.00	26.80	2.67
胭 脂 鱼	446.80	488.00	−41.20	−8.44
岩 原 鲤	146.50	192.00	−45.50	−23.70
白 甲 鱼	18.00	22.00	−4.00	−18.18
丁　　鱥	174.70	810.00	−635.30	−78.43
裂 腹 鱼	398.00	428.00	−30.00	−7.01

全市水产养殖产量、面积和单产增减情况

指 标		2023 年			2022 年			2023 年比 2022 年增减		
		产量（吨）	面积（公顷）	单产（千克/公顷）	产量（吨）	面积（公顷）	单产（千克/公顷）	产量（吨）	面积（公顷）	单产（千克/公顷）
内陆养殖		588 903.00	86 352.87	6 819.73	566 303.00	85 250.51	6 642.81	22 600.00	1 102.36	176.92
按水域分	池塘养殖	497 305.87	49 735.89	9 998.93	480 301.00	49 854.84	9 633.99	17 004.87	−118.95	364.94
	湖泊养殖									
	水库养殖	54 620.23	36 503.18	1 496.31	54 185.00	35 299.70	1 535.00	435.23	1 203.48	−38.68
	河沟养殖									
	其他养殖	13 755.71	113.80	120 876.19	12 639.00	95.97	131 697.41	1 116.71	17.83	−10 821.22
	稻田养成鱼	23 221.19	32 777.27	708.45	19 178.00	26 597.80	721.04	4 043.19	6 179.47	−12.58
其中：集约化养殖方式	冷水鱼（米²）	5 626.00	463 304.00	12.14	4 487.00	460 043.10	9.75	1 139.00	3 260.90	2.39
	流水养殖（米²）	2 021.91	411 860.00	4.91	1 743.00	323 649.00	5.39	278.91	88 211.00	−0.48
	工厂化（米³）	880.70	82 815.00	10.63	863.00	62 363.24	13.84	17.70	20 451.76	−3.20
	其他（池塘内循环流水，集装箱）（米²）	5 227.10	262 662.97	19.90	5 546.00	175 987.89	31.51	−318.90	86 675.08	−11.61

全市各区县水产品产量及增减情况（一）

单位：吨

地　　区	2023 年				
	总产量	鱼类	甲壳类	贝类	其他类
全市总计	588 903.00	560 709.72	21 250.15	106.00	6 837.13
万 州 区	23 647.00	23 340.00	174.00		133.00
涪 陵 区	18 995.00	18 793.00	188.00		14.00
大渡口区	174.00	174.00			
江 北 区	152.00	147.00			5.00
沙坪坝区	5 247.00	5 246.00	1.00		
九龙坡区	2 513.00	2 511.00	2.00		
南 岸 区	1 031.00	1 031.00			
北 碚 区	4 610.00	4 523.00	9.00		78.00
綦 江 区	12 831.00	12 458.81	320.22		51.97
大 足 区	26 993.00	22 493.37	4 450.13		49.50
渝 北 区	8 187.00	7 884.00			303.00
巴 南 区	25 008.00	24 630.00	205.00		173.00
黔 江 区	4 578.00	4 166.00	270.00	7.00	135.00
长 寿 区	48 496.00	47 741.00	585.00		170.00
江 津 区	29 365.00	27 937.00	729.00		699.00
合 川 区	50 771.00	49 130.50	1 396.00		244.50
永 川 区	49 932.00	47 599.00	1 728.00		605.00
南 川 区	13 889.00	13 755.00	41.00		93.00
璧 山 区	12 597.00	12 155.00	313.00	21.00	108.00
铜 梁 区	42 340.00	39 250.00	2 122.00		968.00
潼 南 区	42 968.00	38 382.00	4 412.00	78.00	96.00
荣 昌 区	11 641.00	10 418.00	1 178.00		45.00
开 州 区	34 766.00	33 573.00	552.00		641.00
梁 平 区	22 330.00	21 664.00	586.00		80.00
武 隆 区	6 140.00	5 310.00	196.00		634.00
城 口 县	671.00	670.00	1.00		
丰 都 县	10 984.00	10 616.00	9.00		359.00
垫 江 县	21 689.00	21 534.04	104.80		50.16
忠　　县	20 210.00	19 210.00	720.00		280.00
云 阳 县	12 702.00	12 569.00	15.00		118.00
奉 节 县	3 984.00	3 976.00	8.00		
巫 山 县	658.00	641.00	11.00		6.00
巫 溪 县	1 376.00	1 307.00	11.00		58.00
石 柱 县	5 360.00	5 250.00	15.00		95.00
秀 山 县	6 050.00	4 814.00	698.00		538.00
酉 阳 县	2 306.00	2 214.00	92.00		
彭 水 县	553.00	446.00	102.00		5.00
万 盛 区	1 525.00	1 519.00	5.00		1.00
高 新 区	1 634.00	1 632.00	1.00		1.00

全市各区县水产品产量及增减情况（二）

单位：吨

地 区	2022 年				
	总产量	鱼类	甲壳类	贝类	其他类
全市总计	566 303	541 354	17 742	118	7 089
万 州 区	22 995	22 412	255		328
涪 陵 区	18 130	17 980	40		110
大渡口区	170	170			
江 北 区	143	138			5
沙坪坝区	5 002	5 001			1
九龙坡区	2 394	2 384	10		
南 岸 区	1 007	1 007			
北 碚 区	4 450	4 358	10		82
綦 江 区	12 407	12 109	252		46
大 足 区	25 310	21 514	3 789		7
渝 北 区	7 930	7 453	6		471
巴 南 区	23 510	23 069	224		217
黔 江 区	4 134	3 675	357	11	91
长 寿 区	47 020	46 392	598		30
江 津 区	28 351	26 841	750		760
合 川 区	49 253	48 838	172		243
永 川 区	48 400	46 664	1 207		529
南 川 区	13 350	13 209	52		89
璧 山 区	12 091	11 818	161	30	82
铜 梁 区	41 052	38 413	1 840		799
潼 南 区	42 068	37 745	4 151	77	95
荣 昌 区	11 000	10 005	955		40
开 州 区	33 125	31 910	530		685
梁 平 区	21 520	21 160	343		17
武 隆 区	5 687	4 896	211		580
城 口 县	646	644			2
丰 都 县	10 485	10 120	3		362
垫 江 县	20 800	20 543	190		67
忠 县	19 425	18 447	710		268
云 阳 县	12 100	11 968	14		118
奉 节 县	3 924	3 914	10		
巫 山 县	628	613	11		4
巫 溪 县	1 298	1 213	10		75
石 柱 县	5 160	4 982	20		158
秀 山 县	5 775	4 360	690		725
酉 阳 县	2 097	2 029	68		
彭 水 县	488	400	86		2
万 盛 区	1 468	1 455	12		1
高 新 区	1 510	1 505	5		

全市各区县水产品产量及增减情况（三）

单位：吨

地　　区	2023 年比 2022 年增减				
	总产量	鱼类	甲壳类	贝类	其他类
全市总计	22 600.00	19 355.72	3 508.15	−12.00	−251.87
万 州 区	652.00	928.00	−81.00		−195.00
涪 陵 区	865.00	813.00	148.00		−96.00
大 渡 口 区	4.00	4.00			
江 北 区	9.00	9.00			
沙 坪 坝 区	245.00	245.00	1.00		−1.00
九 龙 坡 区	119.00	127.00	−8.00		
南 岸 区	24.00	24.00			
北 碚 区	160.00	165.00	−1.00		−4.00
綦 江 区	424.00	349.81	68.22		5.97
大 足 区	1 683.00	979.37	661.13		42.50
渝 北 区	257.00	431.00	−6.00		−168.00
巴 南 区	1 498.00	1 561.00	−19.00		−44.00
黔 江 区	444.00	491.00	−87.00	−4.00	44.00
长 寿 区	1 476.00	1 349.00	−13.00		140.00
江 津 区	1 014.00	1 096.00	−21.00		−61.00
合 川 区	1 518.00	292.50	1 224.00		1.50
永 川 区	1 532.00	935.00	521.00		76.00
南 川 区	539.00	546.00	−11.00		4.00
璧 山 区	506.00	337.00	152.00	−9.00	26.00
铜 梁 区	1 288.00	837.00	282.00		169.00
潼 南 区	900.00	637.00	261.00	1.00	1.00
荣 昌 区	641.00	413.00	223.00		5.00
开 州 区	1 641.00	1 663.00	22.00		−44.00
梁 平 区	810.00	504.00	243.00		63.00
武 隆 区	453.00	414.00	−15.00		54.00
城 口 县	25.00	26.00	1.00		−2.00
丰 都 县	499.00	496.00	6.00		−3.00
垫 江 县	889.00	991.04	−85.20		−16.84
忠 县	785.00	763.00	10.00		12.00
云 阳 县	602.00	601.00	1.00		
奉 节 县	60.00	62.00	−2.00		
巫 山 县	30.00	28.00			2.00
巫 溪 县	78.00	94.00	1.00		−17.00
石 柱 县	200.00	268.00	−5.00		−63.00
秀 山 县	275.00	454.00	8.00		−187.00
酉 阳 县	209.00	185.00	24.00		
彭 水 县	65.00	46.00	16.00		3.00
万 盛 区	57.00	64.00	−7.00		
高 新 区	124.00	127.00	−4.00		1.00

全市各区县水产养殖面积增减情况（一）

单位：公顷

地 区	2023 年			
	总面积	池塘	水库	其他
全市总计	86 352.87	49 735.89	36 503.18	113.80
万 州 区	3 852.00	2 416.00	1 436.00	
涪 陵 区	3 021.80	1 436.95	1 576.09	8.76
大渡口区	15.00	15.00		
江 北 区	16.00	16.00		
沙坪坝区	392.95	242.00	150.95	
九龙坡区	480.03	391.00	89.00	0.03
南 岸 区	113.05	62.04	50.21	0.80
北 碚 区	426.73	363.17	63.44	0.12
綦 江 区	1 678.01	884.70	793.20	0.11
大 足 区	5 767.64	2 808.46	2 959.04	0.14
渝 北 区	1 451.00	708.00	743.00	
巴 南 区	3 118.03	1 657.00	1 460.00	1.03
黔 江 区	1 201.54	489.17	709.63	2.74
长 寿 区	10 644.25	2 133.94	8 509.49	0.82
江 津 区	3 982.81	3 137.47	843.81	1.53
合 川 区	4 724.00	3 875.00	845.00	4.00
永 川 区	5 591.21	4 334.00	1 256.40	0.81
南 川 区	2 330.00	892.00	1 438.00	
璧 山 区	2 495.63	1 375.31	1 120.00	0.32
铜 梁 区	4 594.61	3 792.66	800.91	1.04
潼 南 区	4 898.00	3 928.00	970.00	
荣 昌 区	1 730.00	1 435.00	295.00	
开 州 区	3 813.25	2 831.00	972.00	10.25
梁 平 区	2 366.28	1 578.38	786.59	1.31
武 隆 区	583.35	297.60	281.35	4.40
城 口 县	602.00	15.33	580.00	6.67
丰 都 县	2 820.35	1 280.10	1 530.52	9.73
垫 江 县	3 159.75	2 361.77	797.98	
忠 县	2 300.00	1 590.00	709.00	1.00
云 阳 县	2 946.00	1 725.50	1 219.00	1.50
奉 节 县	686.55	276.84	409.71	
巫 山 县	207.61	89.27	101.00	17.34
巫 溪 县	687.00	95.28	581.33	10.39
石 柱 县	735.00	366.00	361.00	8.00
秀 山 县	1 679.50	350.00	1 316.00	13.50
酉 阳 县	497.71	95.00	397.80	4.91
彭 水 县	123.24	120.72		2.52
万 盛 区	144.23	137.20	7.00	0.03
高 新 区	476.76	133.03	343.73	

全市各区县水产养殖面积增减情况（二）

单位：公顷

地　　区	2022 年			
	总面积	池塘	水库	其他
全市总计	85 250.51	49 854.84	35 299.70	95.97
万 州 区	3 852.00	2 416.00	1 436.00	
涪 陵 区	2 740.59	1 400.00	1 330.00	10.59
大 渡 口 区	14.00	14.00		
江 北 区	14.00	14.00		
沙 坪 坝 区	315.00	164.00	151.00	
九 龙 坡 区	480.03	391.00	89.00	0.03
南 岸 区	114.00	87.00	27.00	
北 碚 区	415.43	339.33	75.98	0.12
綦 江 区	1 677.00	919.41	757.59	
大 足 区	5 798.14	2 839.00	2 959.00	0.14
渝 北 区	1 452.00	708.00	744.00	
巴 南 区	2 383.03	1 658.00	724.00	1.03
黔 江 区	1 197.22	485.22	709.16	2.84
长 寿 区	10 658.96	2 148.24	8 509.49	1.23
江 津 区	4 063.35	3 216.58	846.09	0.68
合 川 区	4 720.00	3 875.00	845.00	
永 川 区	5 585.81	4 329.00	1 256.00	0.81
南 川 区	2 330.00	892.00	1 438.00	
璧 山 区	2 495.44	1 375.31	1 120.00	0.13
铜 梁 区	4 529.61	3 772.96	755.31	1.34
潼 南 区	4 898.00	3 928.00	970.00	
荣 昌 区	1 792.32	1 429.02	363.30	
开 州 区	3 813.00	2 831.00	972.00	10.00
梁 平 区	2 366.20	1 578.38	786.59	1.23
武 隆 区	566.99	290.00	274.00	2.99
城 口 县	602.00	15.33	580.00	6.67
丰 都 县	2 820.33	1 280.08	1 530.65	9.60
垫 江 县	3 156.00	2 359.98	796.02	
忠 　 县	2 300.00	1 590.00	709.00	1.00
云 阳 县	2 946.00	1 725.50	1 219.00	1.50
奉 节 县	685.27	275.58	409.69	
巫 山 县	198.00	82.26	101.00	14.74
巫 溪 县	692.08	94.86	587.33	9.89
石 柱 县	736.00	375.00	361.00	
秀 山 县	1 798.50	469.50	1 316.00	13.00
酉 阳 县	485.33	86.00	394.50	4.83
彭 水 县	114.68	113.10		1.58
万 盛 区	144.20	137.20	7.00	
高 新 区	300.00	150.00	150.00	

全市各区县水产养殖面积增减情况（三）

单位：公顷

地　　区	2023 年比 2022 年增减			
	总面积	池塘	水库	其他
全市总计	1 102.36	−118.95	1 203.48	17.83
万 州 区				
涪 陵 区	281.21	36.95	246.09	−1.83
大渡口区	1.00	1.00		
江 北 区	2.00	2.00		
沙坪坝区	77.95	78.00	−0.05	
九龙坡区				
南 岸 区	−0.95	−24.96	23.21	0.80
北 碚 区	11.30	23.84	−12.54	
綦 江 区	1.01	−34.71	35.61	0.11
大 足 区	−30.50	−30.54	0.04	
渝 北 区	−1.00		−1.00	
巴 南 区	735.00	−1.00	736.00	
黔 江 区	4.32	3.95	0.47	−0.10
长 寿 区	−14.71	−14.30		−0.41
江 津 区	−80.54	−79.11	−2.28	0.85
合 川 区	4.00			4.00
永 川 区	5.40	5.00	0.40	
南 川 区				
璧 山 区	0.19			0.19
铜 梁 区	65.00	19.70	45.60	−0.30
潼 南 区				
荣 昌 区	−62.32	5.98	−68.30	
开 州 区	0.25			0.25
梁 平 区	0.08			0.08
武 隆 区	16.36	7.60	7.35	1.41
城 口 县				
丰 都 县	0.02	0.02	−0.13	0.13
垫 江 县	3.75	1.79	1.96	
忠 　 县				
云 阳 县				
奉 节 县	1.28	1.26	0.02	
巫 山 县	9.61	7.01		2.60
巫 溪 县	−5.08	0.42	−6.00	0.50
石 柱 县	−1.00	−9.00		8.00
秀 山 县	−119.00	−119.50		0.50
酉 阳 县	12.38	9.00	3.30	0.08
彭 水 县	8.56	7.62		0.94
万 盛 区	0.03			0.03
高 新 区	176.76	−16.97	193.73	

全市水产苗种增减情况

指　　标	计量单位	2023 年	2022 年	2023 年比 2022 年增减	
				绝对量	幅度（％）
淡水鱼苗产量	万尾	799 277.51	863 887.00	−64 609.49	−7.48
其中：罗非鱼	万尾	1 261.00	933.00	328.00	35.16
淡水鱼种	吨	67 228.19	75 855.00	−8 626.81	−11.37
投放鱼种	吨	110 016.14	107 725.00	2 291.14	2.13
稚鳖数量	千只	578.00	605.00	−27.00	−4.46
稚龟数量	千只	17.00	19.00	−2.00	−10.53
虾类育苗	万尾	70 554.71	46 490.56	24 064.15	51.76

全市各区县水产苗种增减情况（一）

地　区	2023 年		
	淡水鱼苗（万尾）	淡水鱼种（吨）	投放鱼种（吨）
重 庆 市	799 277.51	67 228.19	110 016.14
万 州 区	4 678.01	2 362.10	4 156.40
涪 陵 区	8 930.00	1 195.00	2 116.00
大 渡 口 区	25.00	52.00	52.00
江 北 区			
沙 坪 坝 区		30.00	1 291.00
九 龙 坡 区	1 734.00		725.00
南 岸 区			339.06
北 碚 区	7 737.00	1 387.00	1 090.00
綦 江 区	1 350.00	20.00	2 407.00
大 足 区	4 624.50	3 629.49	4 471.28
渝 北 区			2 486.00
巴 南 区	2 660.00	2 389.00	4 246.40
黔 江 区	1 865.00	225.00	956.00
长 寿 区	46 900.00	4 935.00	7 540.00
江 津 区	90 582.00	6 204.00	9 799.00
合 川 区	63 340.00	7 151.00	9 063.00
永 川 区	314 470.00	10 198.00	9 839.00
南 川 区	3 614.00	399.00	2 985.00
璧 山 区	1 150.00	219.00	2 142.00
铜 梁 区	20 178.00	3 022.00	7 487.00
潼 南 区	138 784.00	8 326.00	7 875.00
荣 昌 区	39 853.00	287.60	2 270.00
开 州 区		2 550.00	7 203.00
梁 平 区		5 994.00	6 667.00
武 隆 区	4 242.00	664.00	1 208.00
城 口 县	12.00	51.00	51.00
丰 都 县	1 882.00	64.00	1 495.00
垫 江 县	4 082.00	1 429.00	2 812.00
忠 　 县	4 996.00	1 251.00	1 799.00
云 阳 县	20 897.00	1 405.00	2 518.00
奉 节 县	408.00	520.00	520.00
巫 山 县	1 097.00	58.00	128.00
巫 溪 县	5.00		145.00
石 柱 县	50.00	255.00	500.00
秀 山 县	7 800.00	420.00	540.00
酉 阳 县		130.00	323.00
彭 水 县	863.00	30.00	102.00
万 盛 区	469.00	376.00	349.00
高 新 区			320.00

全市各区县水产苗种增减情况（二）

地　区	2022年		
	淡水鱼苗（万尾）	淡水鱼种（吨）	投放鱼种（吨）
重 庆 市	863 887.00	75 855.00	107 725.00
万 州 区	2 610.00	3 390.00	4 610.00
涪 陵 区	9 000.00	1 500.00	1 600.00
大 渡 口 区	24.00	52.00	52.00
江 北 区			
沙 坪 坝 区		456.00	910.00
九 龙 坡 区	200.00		560.00
南 岸 区			336.00
北 碚 区	7 500.00	1 365.00	1 060.00
綦 江 区	12 000.00	126.00	2 367.00
大 足 区	4 537.00	4 069.00	4 328.00
渝 北 区			2 469.00
巴 南 区	2 636.00	2 206.00	4 076.00
黔 江 区	1 819.00	142.00	938.00
长 寿 区	32 013.00	4 990.00	7 390.00
江 津 区	86 730.00	6 100.00	10 005.00
合 川 区	60 306.00	6 950.00	8 865.00
永 川 区	317 440.00	10 012.00	9 485.00
南 川 区	3 862.00	425.00	3 189.00
璧 山 区	2 200.00	825.00	1 980.00
铜 梁 区	21 246.00	3 485.00	7 672.00
潼 南 区	145 654.00	8 198.00	7 585.00
荣 昌 区	105 639.00	2 485.00	2 320.00
开 州 区		6 400.00	6 699.00
梁 平 区		6 094.00	6 782.00
武 隆 区	4 033.00	643.00	1 179.00
城 口 县	30.00	19.00	19.00
丰 都 县	23.00	49.00	1 062.00
垫 江 县	3 317.00	1 428.00	2 803.00
忠 　 县	4 500.00	1 200.00	1 700.00
云 阳 县	20 500.00	1 360.00	2 700.00
奉 节 县	938.00	677.00	677.00
巫 山 县	1 080.00	31.00	128.00
巫 溪 县	6.00	5.00	132.00
石 柱 县	350.00	250.00	516.00
秀 山 县	7 600.00	410.00	530.00
酉 阳 县	5 000.00	130.00	257.00
彭 水 县	631.00	23.00	90.00
万 盛 区	463.00	360.00	339.00
高 新 区			315.00

全市各区县水产苗种增减情况（三）

地　　区	2023 年比 2022 年增减		
	淡水鱼苗（万尾）	淡水鱼种（吨）	投放鱼种（吨）
重 庆 市	−64 609.49	−8 626.81	2 291.14
万 州 区	2 068.01	−1 027.90	−453.60
涪 陵 区	−70.00	−305.00	516.00
大 渡 口 区	1.00		
江 北 区			
沙 坪 坝 区		−426.00	381.00
九 龙 坡 区	1 534.00		165.00
南 岸 区			3.06
北 碚 区	237.00	22.00	30.00
綦 江 区	−10 650.00	−106.00	40.00
大 足 区	87.50	−439.51	143.28
渝 北 区			17.00
巴 南 区	24.00	183.00	170.40
黔 江 区	46.00	83.00	18.00
长 寿 区	14 887.00	−55.00	150.00
江 津 区	3 852.00	104.00	−206.00
合 川 区	3 034.00	201.00	198.00
永 川 区	−2 970.00	186.00	354.00
南 川 区	−248.00	−26.00	−204.00
璧 山 区	−1 050.00	−606.00	162.00
铜 梁 区	−1 068.00	−463.00	−185.00
潼 南 区	−6 870.00	128.00	290.00
荣 昌 区	−65 786.00	−2 197.40	−50.00
开 州 区		−3 850.00	504.00
梁 平 区		−100.00	−115.00
武 隆 区	209.00	21.00	29.00
城 口 县	−18.00	32.00	32.00
丰 都 县	1 859.00	15.00	433.00
垫 江 县	765.00	1.00	9.00
忠 　 县	496.00	51.00	99.00
云 阳 县	397.00	45.00	−182.00
奉 节 县	−530.00	−157.00	−157.00
巫 山 县	17.00	27.00	
巫 溪 县	−1.00	−5.00	13.00
石 柱 县	−300.00	5.00	−16.00
秀 山 县	200.00	10.00	10.00
酉 阳 县	−5 000.00		66.00
彭 水 县	232.00	7.00	12.00
万 盛 区	6.00	16.00	10.00
高 新 区			5.00

全市水产加工增减情况

指　　标	单位	2023 年	2022 年	2023 年比 2022 年增减	
				绝对量	幅度（％）
一、水产加工企业	个	15	13	2	15.38
水产品加工能力	吨/年	4 206	4 055	151	3.72
规模以上加工企业	个	6	4	2	50.00
二、水产品冷库	座	30	19	11	57.89
冻结能力	吨/日	37 906	12 902	25 004	193.80
冷藏能力	吨/次	155 874	5 217	150 657	2 887.81
制冰能力	吨/日	102	88	14	15.91
三、水产加工品总量	吨	2 323	1 249	1 074	85.99
其中：淡水加工产品	吨	1 723	1 249	474	37.95
海水加工产品	吨	600		600	
（一）水产品冷冻	吨	1 059	438	621	141.78
其中：冷冻品	吨	873	360	513	142.50
冷冻加工品	吨	186	78	108	138.46
（二）鱼糜制品及干腌制品	吨	932	551	381	69.15
其中：鱼糜制品	吨	9	5	4	80.00
干腌制品	吨	923	546	377	69.05
（三）罐制品	吨	50		50	
（四）其他水产品加工品	吨	282	260	22	8.46
四、用于加工的水产品产量	吨	3 048	1 735	1 313	75.68
其中：淡水产品	吨	2 248	1 735	513	29.57
海水产品	吨	800		800	

全市各区县水产加工品增减情况（一）

地 区	2023 年			2022 年		
	水产加工品总量（吨）	淡水加工品	海水加工品	水产加工品总量（吨）	淡水加工品	海水加工品
全市总计	2 323	1 723	600	1 249	1 249	
万 州 区	706	706		350	350	
涪 陵 区						
大 渡 口 区						
江 北 区						
沙 坪 坝 区						
九 龙 坡 区						
南 岸 区	23	23				
北 碚 区						
綦 江 区						
大 足 区						
渝 北 区						
巴 南 区						
黔 江 区						
长 寿 区	32	32		8	8	
江 津 区						
合 川 区						
永 川 区						
南 川 区						
璧 山 区						
铜 梁 区						
潼 南 区						
荣 昌 区						
开 州 区	116	116		48	48	
梁 平 区	650	50	600	100	100	
武 隆 区	178	178		178	178	
城 口 县						
丰 都 县						
垫 江 县						
忠 县	300	300		300	300	
云 阳 县	260	260		255	255	
奉 节 县						
巫 山 县	43	43				
巫 溪 县						
石 柱 县						
秀 山 县	15	15		10	10	
酉 阳 县						
彭 水 县						
万 盛 区						
高 新 区						

全市各区县水产加工品增减情况（二）

地　　区	2023 年比 2022 年增减				
	绝对量（吨）			幅度（％）	
	水产加工品总量	淡水加工品	海水加工品	水产加工品总量	淡水加工品
全市总计	1 074	474	600	85.99	37.95
万 州 区	356	356		101.71	101.71
涪 陵 区					
大渡口区					
江 北 区					
沙坪坝区					
九龙坡区					
南 岸 区	23	23			
北 碚 区					
綦 江 区					
大 足 区					
渝 北 区					
巴 南 区					
黔 江 区					
长 寿 区	24	24		300.00	300.00
江 津 区					
合 川 区					
永 川 区					
南 川 区					
璧 山 区					
铜 梁 区					
潼 南 区					
荣 昌 区					
开 州 区	68	68		141.67	141.67
梁 平 区	550	−50	600	550.00	−50.00
武 隆 区					
城 口 县					
丰 都 县					
垫 江 县					
忠 　 县					
云 阳 县	5	5		1.96	1.96
奉 节 县					
巫 山 县	43	43			
巫 溪 县					
石 柱 县					
秀 山 县	5	5		50.00	50.00
酉 阳 县					
彭 水 县					
万 盛 区					
高 新 区					

全市渔业经济总产值及增减情况（按当年价格计算）

单位：万元

指　　　标	2023 年	2022 年	2023 年比 2022 年增减
渔业经济总产值	2 230 799.49	2 123 830.43	106 969.06
一、渔业	1 428 650.00	1 369 937.00	58 713.00
淡水养殖	1 428 650.00	1 369 937.00	58 713.00
其中：水产苗种	95 689.81	125 943.26	−30 253.45
二、渔业工业和建筑业	149 413.99	137 794.96	11 619.03
水产品加工	21 757.00	10 904.00	10 853.00
渔用机具制造	952.35	2 624.00	−1 671.65
其中：渔船渔机修造	0.00	91.00	−91.00
渔用绳网制造	952.35	619.00	333.35
渔用饲料	104 524.53	102 304.00	2 220.53
渔用药物	549.58	1 060.00	−510.42
建筑业	21 630.53	20 902.96	727.57
三、渔业流通和服务业	652 735.50	616 098.47	36 637.03
水产流通	345 197.73	326 421.31	18 776.42
水产（仓储）运输	53 597.82	51 851.80	1 746.02
休闲渔业	248 927.22	233 567.58	15 359.64
其他	5 012.73	4 257.78	754.95

全市各区县渔业产值增减情况

单位：万元

地　区	2023 年		2022 年		2023 年比 2022 年增减	
	渔业经济总产值	渔业产值	渔业经济总产值	渔业产值	渔业经济总产值	渔业产值
全市总计	2 230 799.49	1 428 650	2 123 830.43	1 369 937	106 969.06	58 713
万 州 区	100 464.00	61 932	98 338.00	61 688	2 126.00	244
涪 陵 区	96 843.00	60 003	91 096.00	57 296	5 747.00	2 707
大渡口区	679.00	472	666.00	467	13.00	5
江 北 区	44 259.00	564	44 089.00	552	170.00	12
沙坪坝区	30 303.00	9 925	29 864.00	9 101	439.00	824
九龙坡区	13 029.00	8 199	12 321.00	7 786	708.00	413
南 岸 区	4 674.00	2 440	4 531.00	2 378	143.00	62
北 碚 区	10 448.64	7 924	10 096.00	7 651	352.64	273
綦 江 区	39 904.31	25 196	38 418.12	23 502	1 486.19	1 694
大 足 区	91 426.84	72 840	85 162.66	68 632	6 264.18	4 208
渝 北 区	29 702.00	18 805	29 151.56	18 061	550.44	744
巴 南 区	105 659.00	59 624	96 318.00	56 007	9 341.00	3 617
黔 江 区	19 966.13	10 269	17 545.25	9 286	2 420.88	983
长 寿 区	153 025.00	110 719	154 071.80	106 942	−1 046.80	3 777
江 津 区	92 120.62	70 160	88 210.00	67 529	3 910.62	2 631
合 川 区	172 295.00	133 773	166 457.00	129 495	5 838.00	4 278
永 川 区	228 383.32	104 193	222 343.00	100 223	6 040.32	3 970
南 川 区	35 280.11	30 096	33 899.78	28 917	1 380.33	1 179
璧 山 区	40 462.00	31 438	38 648.00	30 109	1 814.00	1 329
铜 梁 区	129 251.00	103 140	128 885.00	98 994	366.00	4 146
潼 南 区	124 707.50	82 890	120 516.50	80 489	4 191.00	2 401
荣 昌 区	34 129.00	31 529	30 755.00	28 473	3 374.00	3 056
开 州 区	146 101.46	94 790	141 675.00	90 481	4 426.46	4 309
梁 平 区	146 345.00	48 345	120 994.00	47 494	25 351.00	851
武 隆 区	19 058.70	15 259	18 439.00	14 888	619.70	371
城 口 县	2 783.74	2 139	2 808.00	2 230	−24.26	−91
丰 都 县	44 690.53	37 976	41 202.18	36 358	3 488.35	1 618
垫 江 县	52 534.49	42 224	50 181.32	40 014	2 353.17	2 210
忠　　县	81 545.00	45 814	76 869.00	43 799	4 676.00	2 015
云 阳 县	42 855.00	34 585	41 353.00	33 000	1 502.00	1 585
奉 节 县	9 459.44	8 851	8 945.70	8 584	513.74	267
巫 山 县	3 518.00	2 886	3 345.75	2 744	172.25	142
巫 溪 县	5 127.46	3 361	4 834.81	3 134	292.65	227
石 柱 县	24 076.00	20 906	22 395.00	19 815	1 681.00	1 091
秀 山 县	26 787.00	15 567	26 204.00	15 754	583.00	−187
酉 阳 县	8 900.00	8 328	8 001.00	7 551	899.00	777
彭 水 县	3 823.00	2 635	3 248.00	2 120	575.00	515
万 盛 区	5 097.20	3 522	5 022.00	3 483	75.20	39
高 新 区	11 086.00	5 331	6 930.00	4 910	4 156.00	421

全市渔业船舶增减情况

指　　标	2023 年			2022 年			2023 年比 2022 年增减		
	艘	总吨	千瓦	艘	总吨	千瓦	艘	总吨	千瓦
渔业船舶拥有量	462	5 090.25	25 025.99	347	2 557.00	10 835.00	115	2 533.25	14 190.99
机动渔船	291	2 236.85	25 025.99	206	1 463.00	10 835.00	85	773.85	14 190.99
生产渔船	95	617.00	1 553.00	92	562.00	940.00	3	55.00	613.00
辅助渔船	196	1 619.85	23 472.99	114	901.00	9 895.00	82	718.85	13 577.99
其中：渔业执法船	169	1 446.85	23 038.10	114	901.00	9 895.00	55	545.85	13 143.10
机动渔船（按船长分）									
24 米（含）以上	5	355.00	3 489.00	3	180.00	1 595.00	2	175.00	1 894.00
12（含）～24 米	71	1 074.10	8 296.00	81	903.00	5 287.00	—10	171.10	3 009.00
12 米以下	215	807.75	13 240.99	122	380.00	3 953.00	93	427.75	9 287.99
非机动渔船	171	2 853.40		141	1 094.00		30	1 759.40	

全市各区县机动渔船增减情况（一）

地　　区	2023 年		
	艘	总吨	千瓦
重 庆 市	291	2 236.85	25 025.99
万 州 区	38	211.00	1 418.00
涪 陵 区	7	111.00	1 152.10
大 渡 口 区			
江 北 区	2	23.00	349.00
沙 坪 坝 区	1	17.00	254.00
九 龙 坡 区			
南 岸 区			
北 碚 区	2	6.00	162.00
綦 江 区			
大 足 区			
渝 北 区	1	8.00	230.00
巴 南 区	6	85.00	1 481.00
黔 江 区	4	27.00	533.00
长 寿 区	93	767.00	3 171.00
江 津 区	7	85.00	2 051.60
合 川 区	15	129.00	2 388.00
永 川 区	1	11.00	320.00
南 川 区			
璧 山 区			
铜 梁 区	10	32.00	650.60
潼 南 区	11	22.00	571.00
荣 昌 区			
开 州 区	5	24.70	577.30
梁 平 区			
武 隆 区	4	22.00	503.50
城 口 县			
丰 都 县	5	29.00	347.00
垫 江 县			
忠 　 县	24	119.40	758.09
云 阳 县	27	214.00	1 688.00
奉 节 县	7	83.75	2 164.00
巫 山 县	11	127.00	3 006.00
巫 溪 县			
石 柱 县			
秀 山 县			
酉 阳 县	8	67.00	1 007.80
彭 水 县	2	16.00	243.00
万 盛 区			
高 新 区			

全市各区县机动渔船增减情况（二）

地　　区	2022 年		
	艘	总吨	千瓦
重 庆 市	206	1 463.00	10 835.00
万 州 区	34	195.00	806.00
涪 陵 区			
大 渡 口 区	1	9.00	110.00
江 北 区	2	23.00	349.00
沙 坪 坝 区	1	17.00	254.00
九 龙 坡 区			
南 岸 区			
北 碚 区	2	6.00	162.00
綦 江 区			
大 足 区			
渝 北 区			
巴 南 区	3	47.00	835.00
黔 江 区	4	27.00	533.00
长 寿 区	89	602.00	1 172.00
江 津 区	2	42.00	524.00
合 川 区			
永 川 区			
南 川 区			
璧 山 区			
铜 梁 区			
潼 南 区	11	22.00	571.00
荣 昌 区			
开 州 区			
梁 平 区			
武 隆 区			
城 口 县			
丰 都 县	4	25.00	259.00
垫 江 县			
忠 　 县	1	50.00	306.00
云 阳 县	33	230.00	1 941.00
奉 节 县	2	13.00	193.00
巫 山 县	8	91.00	1 716.00
巫 溪 县			
石 柱 县			
秀 山 县	1	8.00	105.00
酉 阳 县	6	40.00	756.00
彭 水 县	2	16.00	243.00
万 盛 区			
高 新 区			

全市各区县机动渔船增减情况（三）

地　　区	2023 年比 2022 年增减		
	艘	总吨	千瓦
重 庆 市	85	773.85	14 190.99
万 州 区	4	16.00	612.00
涪 陵 区	7	111.00	1 152.10
大 渡 口 区	−1	−9.00	−110.00
江 北 区			
沙 坪 坝 区			
九 龙 坡 区			
南 岸 区			
北 碚 区			
綦 江 区			
大 足 区			
渝 北 区	1	8.00	230.00
巴 南 区	3	38.00	646.00
黔 江 区			
长 寿 区	4	165.00	1 999.00
江 津 区	5	43.00	1 527.60
合 川 区	15	129.00	2 388.00
永 川 区	1	11.00	320.00
南 川 区			
璧 山 区			
铜 梁 区	10	32.00	650.60
潼 南 区			
荣 昌 区			
开 州 区	5	24.70	577.30
梁 平 区			
武 隆 区	4	22.00	503.50
城 口 县			
丰 都 县	1	4.00	88.00
垫 江 县			
忠 　 县	23	69.40	452.09
云 阳 县	−6	−16.00	−253.00
奉 节 县	5	70.75	1 971.00
巫 山 县	3	36.00	1 290.00
巫 溪 县			
石 柱 县			
秀 山 县	−1	−8.00	−105.00
酉 阳 县	2	27.00	251.80
彭 水 县			
万 盛 区			
高 新 区			

全市渔业人口与从业人员增减情况

指　　标	计量单位	2023 年	2022 年	2023 年比 2022 年增减	
				绝对量	幅度（％）
一、渔业村	个	5	5		
二、渔业户	户	87 231	86 370	861	1.00
三、渔业人口	人	348 228	356 019	−7 791	−2.19
其中：传统渔民	人	280	280		
四、渔业从业人员	人	303 005	305 884	−2 879	−0.94
（一）专业从业人员	人	140 819	140 216	603	0.43
其中：女性	人	41 917	45 622	−3 705	−8.12
1. 养殖专业	人	128 824	127 117	1 707	1.34
2. 其他专业	人	11 995	13 099	−1 104	−8.43
（二）兼业从业人员	人	114 572	117 946	−3 374	−2.86
其中：女性	人	30 101	31 140	−1 039	−3.34
（三）临时从业人员	人	47 614	47 722	−108	−0.23
其中：女性	人	11 119	10 913	206	1.89

全市各区县渔业人口增减情况（一）

单位：户、人

地　　　区	2023 年		
	渔业户	渔业人口	渔业从业人员
重 庆 市	87 231	348 228	303 005
万 州 区	6 519	21 287	32 863
涪 陵 区	2 592	8 681	5 961
大 渡 口 区	120	370	317
江 北 区			79
沙 坪 坝 区	560	1 815	1 775
九 龙 坡 区	755	2 438	3 778
南 岸 区	216		502
北 碚 区	1 627	2 020	3 904
綦 江 区	610	2 415	2 030
大 足 区	6 704	24 478	16 193
渝 北 区	284	1 062	914
巴 南 区	2 971	7 927	5 735
黔 江 区	1 527	5 688	10 052
长 寿 区	1 487	8 132	4 154
江 津 区	14 706	70 267	58 758
合 川 区	1 441	26 303	9 292
永 川 区	5 603	26 095	15 276
南 川 区	8 765	26 086	19 805
璧 山 区	1 920	5 837	4 526
铜 梁 区	906	5 162	12 311
潼 南 区	8 627	32 890	27 586
荣 昌 区	2 050	6 863	2 408
开 州 区	3 475	15 483	15 147
梁 平 区	985	2 781	2 539
武 隆 区	1 580	5 034	4 888
城 口 县	114	385	222
丰 都 县	1 367	5 159	3 775
垫 江 县	1 931	6 776	11 561
忠 　 县	865	4 010	3 267
云 阳 县	1 804	6 122	10 389
奉 节 县	1 503	5 085	4 191
巫 山 县	261	770	675
巫 溪 县	172	581	480
石 柱 县	2 020	5 325	2 715
秀 山 县	443	2 215	1 957
酉 阳 县	380	1 137	869
彭 水 县	69	289	783
万 盛 区	272	980	542
高 新 区		280	786

全市各区县渔业人口增减情况（二）

单位：户、人

地　区	2022 年		
	渔业户	渔业人口	渔业从业人员
重 庆 市	86 370	356 019	305 884
万 州 区	6 520	21 570	32 936
涪 陵 区	2 700	9 000	7 580
大渡口区	120	370	344
江 北 区			74
沙坪坝区	558	1 796	847
九龙坡区	760	2 463	3 778
南 岸 区	216		506
北 碚 区	1 635	2 022	3 893
綦 江 区	609	2 445	1 982
大 足 区	5 471	21 055	12 920
渝 北 区	239	564	654
巴 南 区	3 019	7 980	5 695
黔 江 区	1 497	5 610	9 812
长 寿 区	1 470	8 417	4 108
江 津 区	15 341	73 044	61 772
合 川 区	1 422	26 103	9 120
永 川 区	5 531	28 142	14 985
南 川 区	8 765	26 086	19 805
璧 山 区	1 906	5 821	4 514
铜 梁 区	452	10 800	15 067
潼 南 区	8 619	32 863	27 427
荣 昌 区	2 466	8 111	2 700
开 州 区	3 503	15 533	15 165
梁 平 区	985	2 781	2 539
武 隆 区	1 686	5 130	4 965
城 口 县	109	376	197
丰 都 县	1 374	4 376	3 723
垫 江 县	1 936	6 798	11 584
忠 县	864	4 008	3 260
云 阳 县	1 840	6 100	10 660
奉 节 县	1 520	5 127	5 127
巫 山 县	247	691	691
巫 溪 县	135	389	430
石 柱 县	1 930	5 210	2 175
秀 山 县	480	2 540	1 855
酉 阳 县	380	1 148	887
彭 水 县	65	295	793
万 盛 区		975	528
高 新 区		280	786

全市各区县渔业人口增减情况（三）

单位：户、人

地　　　区	2023 年比 2022 年增减		
	渔业户	渔业人口	渔业从业人员
重 庆 市	861	−7 791	−2 879
万 州 区	−1	−283	−73
涪 陵 区	−108	−319	−1 619
大 渡 口 区			−27
江 北 区			5
沙 坪 坝 区	2	19	928
九 龙 坡 区	−5	−25	
南 岸 区			−4
北 碚 区	−8	−2	11
綦 江 区	1	−30	48
大 足 区	1 233	3 423	3 273
渝 北 区	45	498	260
巴 南 区	−48	−53	40
黔 江 区	30	78	240
长 寿 区	17	−285	46
江 津 区	−635	−2 777	−3 014
合 川 区	19	200	172
永 川 区	72	−2 047	291
南 川 区			
璧 山 区	14	16	12
铜 梁 区	454	−5 638	−2 756
潼 南 区	8	27	159
荣 昌 区	−416	−1 248	−292
开 州 区	−28	−50	−18
梁 平 区			
武 隆 区	−106	−96	−77
城 口 县	5	9	25
丰 都 县	−7	783	52
垫 江 县	−5	−22	−23
忠 　 县	1	2	7
云 阳 县	−36	22	−271
奉 节 县	−17	−42	−936
巫 山 县	14	79	−16
巫 溪 县	37	192	50
石 柱 县	90	115	540
秀 山 县	−37	−325	102
酉 阳 县		−11	−18
彭 水 县	4	−6	−10
万 盛 区	272	5	14
高 新 区			

第二部分

水产品产量

全市各区县水产品产量（按品种分）（一）

单位：吨

地　　区	合计	1. 鱼类	青鱼	草鱼	鲢鱼	鳙鱼
全市总计	588 903.00	560 709.72	2 945.61	150 754.78	115 848.18	62 060.92
万 州 区	23 647.00	23 340.00	13.00	7 141.40	6 453.50	1 849.50
涪 陵 区	18 995.00	18 793.00	176.00	5 187.00	3 475.00	3 064.00
大渡口区	174.00	174.00		77.00	84.00	
江 北 区	152.00	147.00		51.00	67.00	
沙坪坝区	5 247.00	5 246.00	97.00	1 928.00	1 759.00	254.00
九龙坡区	2 513.00	2 511.00		742.00	706.00	167.00
南 岸 区	1 031.00	1 031.00	37.00	300.88	176.61	244.50
北 碚 区	4 610.00	4 523.00	4.00	1 099.00	669.00	232.00
綦 江 区	12 831.00	12 458.81		5 360.43	1 567.07	1 244.43
大 足 区	26 993.00	22 493.37	40.33	7 805.76	3 461.00	3 460.70
渝 北 区	8 187.00	7 884.00	168.00	2 127.00	2 061.00	1 408.00
巴 南 区	25 008.00	24 630.00	419.00	6 842.00	6 185.00	3 560.00
黔 江 区	4 578.00	4 166.00	14.00	1 053.00	479.00	295.00
长 寿 区	48 496.00	47 741.00	146.00	11 573.00	12 797.00	10 120.00
江 津 区	29 365.00	27 937.00	25.00	7 907.00	5 027.00	2 897.00
合 川 区	50 771.00	49 130.50	602.00	12 462.00	13 171.50	4 638.00
永 川 区	49 932.00	47 599.00	147.00	11 593.00	9 548.00	3 470.00
南 川 区	13 889.00	13 755.00	72.00	3 492.00	2 354.00	2 105.00
璧 山 区	12 597.00	12 155.00	10.00	2 196.00	3 328.00	1 183.00
铜 梁 区	42 340.00	39 250.00	142.00	4 102.00	3 209.00	3 485.00
潼 南 区	42 968.00	38 382.00		10 095.00	8 505.00	2 766.00
荣 昌 区	11 641.00	10 418.00	39.44	2 439.00	2 346.00	763.30
开 州 区	34 766.00	33 573.00	33.00	17 186.00	6 960.00	2 807.00
梁 平 区	22 330.00	21 664.00	28.00	4 282.00	1 991.00	1 676.00
武 隆 区	6 140.00	5 310.00	26.00	1 585.00	653.00	252.00
城 口 县	671.00	670.00	3.00	53.00	193.00	39.00
丰 都 县	10 984.00	10 616.00	5.00	2 273.00	3 107.00	881.00
垫 江 县	21 689.00	21 534.04	9.00	5 750.75	4 702.26	2 657.65
忠　　县	20 210.00	19 210.00	80.00	3 700.00	5 000.00	2 800.00
云 阳 县	12 702.00	12 569.00	473.00	3 306.00	3 016.00	2 036.00
奉 节 县	3 984.00	3 976.00	41.00	1 984.00	730.00	222.00
巫 山 县	658.00	641.00	4.00	181.00	41.00	47.00
巫 溪 县	1 376.00	1 307.00	28.00	422.00	121.00	27.00
石 柱 县	5 360.00	5 250.00		942.00	850.00	450.00
秀 山 县	6 050.00	4 814.00	28.00	2 007.40	420.00	455.00
酉 阳 县	2 306.00	2 214.00	22.00	382.00	207.00	141.00
彭 水 县	553.00	446.00	2.00	178.00	26.00	16.00
万 盛 区	1 525.00	1 519.00	5.00	637.00	105.00	112.00
高 新 区	1 634.00	1 632.00	6.84	312.16	297.24	235.84

全市各区县水产品产量（按品种分）（二）

单位：吨

地 区	1. 鱼类（续）					
	鲤鱼	鲫鱼	鳊鲂	泥鳅	鲇鱼	鮰鱼
全市总计	46 992.33	100 659.81	5 393.23	6 271.93	6 764.10	6 859.00
万 州 区	4 380.90	1 712.00	181.00	23.00	0.50	
涪 陵 区	637.50	3 587.50	330.00	26.60	224.00	504.00
大渡口区	4.00	9.00				
江 北 区		29.00				
沙坪坝区	198.00	820.00	2.00	1.00	53.00	
九龙坡区	204.00	515.00				
南 岸 区	35.00	152.02			1.84	
北 碚 区	135.00	2 278.00	15.00		6.00	
綦 江 区	431.26	3 065.20		15.00	70.40	
大 足 区	880.00	6 429.16		50.85	77.50	
渝 北 区	596.00	1 224.00		20.00	137.00	
巴 南 区	1 430.00	5 103.00	10.00	84.00	19.00	
黔 江 区	977.00	480.00		125.00	62.00	2.00
长 寿 区	1 800.00	7 057.00	321.00	35.00	29.00	136.00
江 津 区	2 405.00	6 261.00	158.00	269.00	248.00	247.00
合 川 区	1 516.00	9 211.50	627.00	248.00	2 485.00	987.00
永 川 区	1 597.00	16 756.00	618.00	277.00	355.00	1 649.00
南 川 区	1 439.00	3 154.00		643.00	39.00	
璧 山 区	588.00	3 922.00	96.00	244.00	41.00	41.00
铜 梁 区	2 817.00	3 833.00	868.00	703.00	210.00	1 613.00
潼 南 区	5 524.00	5 970.00	1 140.00	1 537.00	1 779.00	612.00
荣 昌 区	1 333.00	1 665.00	5.00	35.48	6.78	
开 州 区	2 111.00	2 686.00	31.00	26.00		
梁 平 区	2 133.00	4 835.00	340.00	859.00	239.00	315.00
武 隆 区	894.00	310.00	9.00	512.00	13.00	12.00
城 口 县	20.00	10.00				4.00
丰 都 县	1 902.00	1 304.00	1.00	8.00	14.00	22.00
垫 江 县	4 275.42	3 669.07	6.00	36.00	87.08	1.00
忠 县	1 500.00	2 000.00	500.00	380.00	300.00	450.00
云 阳 县	2 287.00	839.00	114.00	34.00	184.00	90.00
奉 节 县	684.00	174.00	3.00	12.00	30.00	
巫 山 县	172.00	43.00	2.00		30.00	13.00
巫 溪 县	121.00	67.00		7.00	6.00	6.00
石 柱 县	820.00	510.00				
秀 山 县	710.00	85.00	15.00	55.00	15.00	65.00
酉 阳 县	304.00	32.00				90.00
彭 水 县	52.00	35.00		1.00	2.00	
万 盛 区	43.00	516.00				
高 新 区	36.25	311.36	1.23	5.00		

全市各区县水产品产量（按品种分）（三）

单位：吨

地　　区	1. 鱼类（续）					
	黄颡鱼	鲑鱼	鳟鱼	短盖巨脂鲤	长吻鮠	黄鳝
全市总计	12 364.43	130.00	1 651.00	99.00	2 723.50	1 050.71
万 州 区	413.00				425.00	6.00
涪 陵 区	551.00		1.00			30.40
大 渡 口 区						
江 北 区						
沙 坪 坝 区	8.00					
九 龙 坡 区	55.00					
南 岸 区						
北 碚 区	7.00		2.00			
綦 江 区	318.79					15.50
大 足 区	102.00					27.00
渝 北 区	86.00					6.00
巴 南 区	61.00				710.00	13.00
黔 江 区	162.00					99.00
长 寿 区	1 865.00					6.00
江 津 区	586.00		16.00	2.00	87.00	20.00
合 川 区	1 390.50				154.50	33.00
永 川 区	447.00			73.00	4.00	110.00
南 川 区	57.00	25.00	27.00			
璧 山 区	94.00			24.00		57.00
铜 梁 区	1 440.00	20.00			835.00	
潼 南 区	226.00					
荣 昌 区	1.00					176.90
开 州 区	45.00		200.00			11.00
梁 平 区	3 023.00				53.00	159.00
武 隆 区	41.00		6.00		80.00	
城 口 县			345.00			
丰 都 县	62.00	25.00	134.00			10.00
垫 江 县	32.85					25.91
忠　　县	550.00				350.00	150.00
云 阳 县	152.00					5.00
奉 节 县	49.00					
巫 山 县	15.00				20.00	
巫 溪 县	3.00		209.00			14.00
石 柱 县	115.00	60.00	560.00			
秀 山 县	320.00				5.00	75.00
酉 阳 县	15.00		150.00			
彭 水 县	6.00		1.00			1.00
万 盛 区	41.00					
高 新 区	24.29					

全市各区县水产品产量（按品种分）（四）

单位：吨

地　区	1. 鱼类（续）					
	鳜鱼	鲈鱼	乌鳢	罗非鱼	翘嘴红鲌	中华倒刺鲃
全市总计	592.51	8 388.26	8 174.67	5 408.46	3 393.69	1 031.80
万 州 区	12.00	324.10	5.00	29.10	91.00	130.00
涪 陵 区		502.00			103.00	
大渡口区						
江 北 区						
沙坪坝区		123.00				
九龙坡区		20.00		88.00		
南 岸 区	0.65	13.15				65.30
北 碚 区		1.00		43.00		20.00
綦 江 区	90.69	122.20		33.64	7.00	4.00
大 足 区		30.00	110.00			
渝 北 区		1.00	3.00		14.00	30.00
巴 南 区		7.00	8.00	153.00	1.00	23.00
黔 江 区	24.00	67.00		24.00	4.00	26.00
长 寿 区	23.00	913.00		1.00	838.00	
江 津 区	17.00	102.00	36.00	436.00	128.00	157.00
合 川 区	33.50	782.00	47.00	224.00	119.50	85.50
永 川 区	67.00	355.00	224.00	207.00	63.00	2.00
南 川 区	31.00					
璧 山 区		65.00	39.00	183.00	25.00	14.00
铜 梁 区	143.00	1 906.00	7 155.00	3 423.00	1 609.00	65.00
潼 南 区	59.00	24.00	96.00			
荣 昌 区			192.00	316.70	26.60	
开 州 区	1.00	34.00		40.00		
梁 平 区	20.00	1 586.00	50.00			50.00
武 隆 区		148.00			3.00	16.00
城 口 县						
丰 都 县		202.00	20.00			
垫 江 县	0.51	15.60		11.02	3.00	1.00
忠 　 县	50.00	350.00	150.00	150.00	300.00	300.00
云 阳 县	2.00		1.00	6.00	4.00	
奉 节 县						
巫 山 县	2.00	12.00	2.00		2.00	8.00
巫 溪 县	1.00	16.00				1.00
石 柱 县		5.00	2.00			
秀 山 县	5.00	330.00	30.00	8.00	9.60	15.00
酉 阳 县		5.00				
彭 水 县		12.00				
万 盛 区				22.00		19.00
高 新 区	10.16	315.21	4.67	10.00	42.99	

全市各区县水产品产量（按品种分）（五）

地　区	1. 鱼类（续）						
	胭脂鱼	岩原鲤	白甲鱼	丁鲅	冷水鱼		
					鲟鱼	大鲵	裂腹鱼
全市总计	446.80	146.50	18.00	174.70	5 186.00	104.00	398.00
万 州 区	31.50	28.50	4.00	3.00	10.00	1.00	
涪 陵 区	21.00						
大渡口区							
江 北 区							
沙坪坝区							
九龙坡区							
南 岸 区							
北 碚 区					1.00	1.00	
綦 江 区							
大 足 区							
渝 北 区							
巴 南 区	2.00						
黔 江 区					268.00		
长 寿 区	1.00					2.00	
江 津 区	38.00	67.00		1.00	23.00	4.00	9.00
合 川 区	12.30	7.00		15.70	139.00	1.00	
永 川 区	8.00	2.00	2.00	5.00	20.00		
南 川 区	285.00	25.00				3.00	4.00
璧 山 区					4.00	1.00	
铜 梁 区	23.00	2.00			28.00	5.00	
潼 南 区			11.00			8.00	
荣 昌 区							
开 州 区					1 090.00	15.00	275.00
梁 平 区	5.00	5.00			15.00		
武 隆 区					721.00	16.00	6.00
城 口 县					1.00		
丰 都 县					600.00		46.00
垫 江 县					5.00	1.00	
忠 　 县	15.00	10.00		120.00		5.00	
云 阳 县						3.00	1.00
奉 节 县					35.00	2.00	10.00
巫 山 县			1.00	1.00	44.00		
巫 溪 县					201.00	14.00	42.00
石 柱 县					895.00	2.00	5.00
秀 山 县	5.00			20.00	128.00	8.00	
酉 阳 县					855.00	11.00	
彭 水 县				9.00	103.00	1.00	
万 盛 区							
高 新 区							

全市各区县水产品产量（按品种分）（六）

单位：吨

地　区	2. 甲壳类	虾	罗氏沼虾	青虾	克氏原螯虾	南美白对虾	蟹（河蟹）
全市总计	21 250.15	20 853.35	356.65	257.00	18 272.00	1 588.70	396.80
万 州 区	174.00	165.00	79.00	6.00	52.00	28.00	9.00
涪 陵 区	188.00	188.00			104.50	57.50	
大渡口区							
江 北 区							
沙坪坝区	1.00	1.00					
九龙坡区	2.00	2.00			2.00		
南 岸 区							
北 碚 区	9.00	9.00					
綦 江 区	320.22	320.22			80.52	211.70	
大 足 区	4 450.13	4 433.33			4 388.33	45.00	16.80
渝 北 区							
巴 南 区	205.00	195.00			174.00	2.00	10.00
黔 江 区	270.00	258.00	30.00		199.00		12.00
长 寿 区	585.00	585.00			487.00	57.00	
江 津 区	729.00	720.00			259.00	398.00	9.00
合 川 区	1 396.00	1 395.00	70.00	3.00	1 177.00	125.00	1.00
永 川 区	1 728.00	1 712.00	5.00	2.00	1 667.00	38.00	16.00
南 川 区	41.00	35.00	23.00	6.00	6.00		6.00
璧 山 区	313.00	313.00			291.00	10.00	
铜 梁 区	2 122.00	2 109.00	20.00		1 911.00	113.00	13.00
潼 南 区	4 412.00	4 393.00	12.00	19.00	4 338.00		19.00
荣 昌 区	1 178.00	1 178.00	6.85		1 106.15	65.00	
开 州 区	552.00	552.00			368.00	184.00	
梁 平 区	586.00	506.00	40.00	20.00	303.00	143.00	80.00
武 隆 区	196.00	96.00			92.00		100.00
城 口 县	1.00	1.00			1.00		
丰 都 县	9.00	9.00					
垫 江 县	104.80	104.80	15.80		83.50	1.50	
忠 　县	720.00	670.00		200.00	420.00	50.00	50.00
云 阳 县	15.00	10.00		1.00	7.00	2.00	5.00
奉 节 县	8.00	8.00					
巫 山 县	11.00	11.00			11.00		
巫 溪 县	11.00	11.00			9.00		
石 柱 县	15.00	15.00			5.00	10.00	
秀 山 县	698.00	698.00	55.00		595.00	48.00	
酉 阳 县	92.00	42.00			28.00		50.00
彭 水 县	102.00	102.00			102.00		
万 盛 区	5.00	5.00			5.00		
高 新 区	1.00	1.00					

全市各区县水产品产量（按品种分）（七）

地 区	3. 贝类 （螺）	4. 观赏鱼 （条）	5. 其他类	龟	鳖	蛙
全市总计	106	85 353 425	6 837.13	58.00	1 234.00	5 494.63
万 州 区		6 000 000	133.00		2.00	131.00
涪 陵 区		215 000	14.00		2.50	10.00
大 渡 口 区						
江 北 区			5.00			5.00
沙 坪 坝 区						
九 龙 坡 区		2 800 000				
南 岸 区		75 000				
北 碚 区		5 000	78.00	29.00	49.00	
綦 江 区		500 000	51.97			51.97
大 足 区		635 000	49.50			4.50
渝 北 区		159 400	303.00			303.00
巴 南 区		2 465 000	173.00		7.00	166.00
黔 江 区	7		135.00		1.00	134.00
长 寿 区			170.00		16.00	154.00
江 津 区		1 166 000	699.00	1.00	61.00	637.00
合 川 区		160 000	244.50		149.50	95.00
永 川 区		3 138 746	605.00	2.00	141.00	462.00
南 川 区			93.00		75.00	18.00
璧 山 区	21	1 085 000	108.00		80.00	25.00
铜 梁 区		65 436 100	968.00		197.00	771.00
潼 南 区	78	14 328	96.00			96.00
荣 昌 区		1 100 000	45.00			45.00
开 州 区		36 191	641.00		215.00	426.00
梁 平 区			80.00		10.00	70.00
武 隆 区		31 000	634.00		3.00	631.00
城 口 县						
丰 都 县			359.00			359.00
垫 江 县			50.16			50.16
忠 县			280.00	25.00	20.00	235.00
云 阳 县			118.00		9.00	108.00
奉 节 县						
巫 山 县			6.00		4.00	2.00
巫 溪 县			58.00		48.00	10.00
石 柱 县			95.00			95.00
秀 山 县		280 000	538.00		48.00	490.00
酉 阳 县		50 000				
彭 水 县			5.00			5.00
万 盛 区			1.00			1.00
高 新 区		1 660	1.00	1.00		

全市各区县水产品产量（按水域和养殖方式分）（一）

单位：吨

地 区	水产品产量	按水域分			
		池塘	水库	稻田	其他
全市总计	588 903.00	497 305.87	54 620.23	23 221.19	13 755.71
万 州 区	23 647.00	19 746.70	3 285.50	614.80	
涪 陵 区	18 995.00	16 091.00	2 599.00	142.00	163.00
大 渡 口 区	174.00	174.00			
江 北 区	152.00	152.00			
沙 坪 坝 区	5 247.00	4 614.00	481.00		152.00
九 龙 坡 区	2 513.00	2 244.00	195.00		74.00
南 岸 区	1 031.00	766.42	263.38		1.20
北 碚 区	4 610.00	4 096.00	454.00		60.00
綦 江 区	12 831.00	10 734.77	1 826.70	261.83	7.70
大 足 区	26 993.00	22 346.00	763.00	3 766.00	118.00
渝 北 区	8 187.00	6 988.00	1 199.00		
巴 南 区	25 008.00	21 504.00	2 591.00	883.00	30.00
黔 江 区	4 578.00	2 901.00	1 136.00	224.00	317.00
长 寿 区	48 496.00	37 637.00	10 402.00	165.00	292.00
江 津 区	29 365.00	27 806.00	1 187.00	290.00	82.00
合 川 区	50 771.00	46 302.00	2 444.00	1 906.00	119.00
永 川 区	49 932.00	45 450.00	2 013.00	2 420.00	49.00
南 川 区	13 889.00	11 282.00	1 940.00	667.00	
璧 山 区	12 597.00	10 926.00	1 319.00	290.00	62.00
铜 梁 区	42 340.00	35 468.52	3 070.19	1 762.39	2 038.90
潼 南 区	42 968.00	38 034.00	1 036.00	3 898.00	
荣 昌 区	11 641.00	9 051.00	690.00	1 900.00	
开 州 区	34 766.00	32 015.00	980.00	144.00	1 627.00
梁 平 区	22 330.00	19 836.13	382.07	672.80	1 439.00
武 隆 区	6 140.00	4 381.13	331.39	201.57	1 225.91
城 口 县	671.00	138.00	186.00	2.00	345.00
丰 都 县	10 984.00	7 273.00	2 304.00	446.00	961.00
垫 江 县	21 689.00	20 600.50	954.70	133.80	
忠 县	20 210.00	15 107.00	4 102.00	1 001.00	
云 阳 县	12 702.00	9 890.00	2 633.00	67.00	112.00
奉 节 县	3 984.00	2 467.00	1 514.00	3.00	
巫 山 县	658.00	301.00	29.00		328.00
巫 溪 县	1 376.00	783.00	138.00	2.00	453.00
石 柱 县	5 360.00	2 260.00	928.00	817.00	1 355.00
秀 山 县	6 050.00	4 260.00	430.00	333.00	1 027.00
酉 阳 县	2 306.00	884.00	328.00	102.00	992.00
彭 水 县	553.00	349.00		77.00	127.00
万 盛 区	1 525.00	1 418.70	73.30	7.00	26.00
高 新 区	1 634.00	1 028.00	412.00	22.00	172.00

全市各区县水产品产量（按水域和养殖方式分）（二）

单位：吨

地　　区	设施渔业产量	按养殖方式分			
		冷水鱼	流水养殖	工厂化	其他（池塘内循环流水，集装箱）
全市总计	13 755.71	5 626.00	2 021.91	880.70	5 227.10
万 州 区					
涪 陵 区	163.00				163.00
大渡口区					
江 北 区					
沙坪坝区	152.00			152.00	
九龙坡区	74.00		54.00	20.00	
南 岸 区	1.20		1.20		
北 碚 区	60.00				60.00
綦 江 区	7.70			7.70	
大 足 区	118.00			45.00	73.00
渝 北 区					
巴 南 区	30.00				30.00
黔 江 区	317.00	230.00	40.00	47.00	
长 寿 区	292.00			1.00	291.00
江 津 区	82.00			5.00	77.00
合 川 区	119.00		67.00	7.00	45.00
永 川 区	49.00		24.00		25.00
南 川 区					
璧 山 区	62.00			1.00	61.00
铜 梁 区	2 038.90	28.00		125.00	1 885.90
潼 南 区					
荣 昌 区					
开 州 区	1 627.00	1 565.00			62.00
梁 平 区	1 439.00			178.00	1 261.00
武 隆 区	1 225.91		852.71	1.00	372.20
城 口 县	345.00	345.00			
丰 都 县	961.00	961.00			
垫 江 县					
忠 　 县					
云 阳 县	112.00		102.00	10.00	
奉 节 县					
巫 山 县	328.00	36.00	292.00		
巫 溪 县	453.00		393.00		60.00
石 柱 县	1 355.00	1 355.00			
秀 山 县	1 027.00		196.00	109.00	722.00
酉 阳 县	992.00	992.00			
彭 水 县	127.00	114.00			13.00
万 盛 区	26.00				26.00
高 新 区	172.00			172.00	

第三部分

水产养殖面积

全市各区县水产养殖面积（按水域和养殖方式分）（一）

单位：公顷

地　　区	水产养殖面积	按水域分		
		池塘	水库	其他
全市总计	86 352.87	49 735.89	36 503.18	113.80
万 州 区	3 852.00	2 416.00	1 436.00	
涪 陵 区	3 021.80	1 436.95	1 576.09	8.76
大 渡 口 区	15.00	15.00		
江 北 区	16.00	16.00		
沙 坪 坝 区	392.95	242.00	150.95	
九 龙 坡 区	480.03	391.00	89.00	0.03
南 岸 区	113.05	62.04	50.21	0.80
北 碚 区	426.73	363.17	63.44	0.12
綦 江 区	1 678.01	884.70	793.20	0.11
大 足 区	5 767.64	2 808.46	2 959.04	0.14
渝 北 区	1 451.00	708.00	743.00	
巴 南 区	3 118.03	1 657.00	1 460.00	1.03
黔 江 区	1 201.54	489.17	709.63	2.74
长 寿 区	10 644.25	2 133.94	8 509.49	0.82
江 津 区	3 982.81	3 137.47	843.81	1.53
合 川 区	4 724.00	3 875.00	845.00	4.00
永 川 区	5 591.21	4 334.00	1 256.40	0.81
南 川 区	2 330.00	892.00	1 438.00	
璧 山 区	2 495.63	1 375.31	1 120.00	0.32
铜 梁 区	4 594.61	3 792.66	800.91	1.04
潼 南 区	4 898.00	3 928.00	970.00	
荣 昌 区	1 730.00	1 435.00	295.00	
开 州 区	3 813.25	2 831.00	972.00	10.25
梁 平 区	2 366.28	1 578.38	786.59	1.31
武 隆 区	583.35	297.60	281.35	4.40
城 口 县	602.00	15.33	580.00	6.67
丰 都 县	2 820.35	1 280.10	1 530.52	9.73
垫 江 县	3 159.75	2 361.77	797.98	
忠 　 县	2 300.00	1 590.00	709.00	1.00
云 阳 县	2 946.00	1 725.50	1 219.00	1.50
奉 节 县	686.55	276.84	409.71	
巫 山 县	207.61	89.27	101.00	17.34
巫 溪 县	687.00	95.28	581.33	10.39
石 柱 县	735.00	366.00	361.00	8.00
秀 山 县	1 679.50	350.00	1 316.00	13.50
酉 阳 县	497.71	95.00	397.80	4.91
彭 水 县	123.24	120.72		2.52
万 盛 区	144.23	137.20	7.00	0.03
高 新 区	476.76	133.03	343.73	

全市各区县内陆养殖面积（按水域和养殖方式分）（二）

地 区	按养殖方式分				
	设施渔业小计（米²）	冷水鱼（米²）	流水养殖（米²）	工厂化（米³）	其他（池塘内循环流水，集装箱）（米²）
全市总计	1 137 826.97	463 304.00	411 860.00	82 815.00	262 662.97
万 州 区					
涪 陵 区	87 600.00			3 200.00	87 600.00
大 渡 口 区					
江 北 区					
沙 坪 坝 区				3 400.00	
九 龙 坡 区	260.00			528.00	260.00
南 岸 区	8 000.00		8 000.00		
北 碚 区	1 160.00				1 160.00
綦 江 区	1 100.00				1 100.00
大 足 区	1 400.00			3 000.00	1 400.00
渝 北 区					
巴 南 区	10 300.00				10 300.00
黔 江 区	27 417.00	25 417.00	2 000.00	360.00	
长 寿 区	8 165.00				8 165.00
江 津 区	15 350.00			5 734.00	15 350.00
合 川 区	40 020.00		30 015.00	10 443.00	10 005.00
永 川 区	8 070.00		6 670.00		1 400.00
南 川 区					
璧 山 区	3 156.00			500.00	3 156.00
铜 梁 区	10 442.00			20 000.00	10 442.00
潼 南 区					
荣 昌 区					
开 州 区	102 500.00	100 000.00			2 500.00
梁 平 区	13 070.00			7 280.00	13 070.00
武 隆 区	44 000.00		30 000.00	10.00	14 000.00
城 口 县	66 667.00	66 667.00			
丰 都 县	97 316.00	96 019.00			1 297.00
垫 江 县					
忠 县	9 960.00	7 760.00	2 200.00		
云 阳 县	15 000.00		15 000.00	8 000.00	
奉 节 县					
巫 山 县	173 402.00	3 334.00	170 068.00		
巫 溪 县	103 908.37		97 907.00		6 001.37
石 柱 县	80 000.00	80 000.00			
秀 山 县	135 000.00	20 000.00	50 000.00	16 000.00	65 000.00
酉 阳 县	49 100.00	49 100.00			
彭 水 县	25 212.60	15 007.00			10 205.60
万 盛 区	251.00				251.00
高 新 区				4 360.00	

第四部分

水产养殖单产

全市各区县淡水养殖单产水平（一）

单位：千克/公顷

地　区	单产水平	按水域分		
		池塘	水库	其他
全市总计	6 819.73	9 998.93	1 496.31	120 876.19
万　州　区	6 138.89	8 173.30	2 287.95	
涪　陵　区	6 285.99	11 198.02	1 649.02	18 607.31
大　渡　口区	11 600.00	11 600.00		
江　北　区	9 500.00	9 500.00		
沙　坪　坝区	13 352.84	19 066.12	3 186.49	
九　龙　坡区	5 235.09	5 739.13	2 191.01	2 466 666.67
南　岸　区	9 119.86	12 353.64	5 245.57	1 500.00
北　碚　区	10 803.08	11 278.46	7 156.37	500 000.00
綦　江　区	7 646.56	12 133.80	2 302.95	70 000.00
大　足　区	4 680.08	7 956.67	257.85	842 857.14
渝　北　区	5 642.32	9 870.06	1 613.73	
巴　南　区	8 020.45	12 977.67	1 774.66	29 126.21
黔　江　区	3 810.11	5 930.45	1 600.83	115 693.43
长　寿　区	4 556.07	17 637.33	1 222.40	356 097.56
江　津　区	7 372.94	8 862.55	1 406.71	53 594.77
合　川　区	10 747.46	11 948.90	2 892.31	29 750.00
永　川　区	8 930.45	10 486.85	1 602.20	60 493.83
南　川　区	5 960.94	12 647.98	1 349.10	
璧　山　区	5 047.62	7 944.39	1 177.68	193 750.00
铜　梁　区	9 215.15	9 351.88	3 833.38	1 960 480.77
潼　南　区	8 772.56	9 682.79	1 068.04	
荣　昌　区	6 728.90	6 307.32	2 338.98	
开　州　区	9 117.16	11 308.72	1 008.23	158 731.71
梁　平　区	9 436.75	12 567.40	485.73	1 098 473.28
武　隆　区	10 525.41	14 721.54	1 177.86	278 615.91
城　口　县	1 114.62	9 001.96	320.69	51 724.14
丰　都　县	3 894.55	5 681.59	1 505.37	98 766.70
垫　江　县	6 864.15	8 722.48	1 196.40	
忠　　　县	8 786.96	9 501.26	5 785.61	
云　阳　县	4 311.61	5 731.67	2 159.97	74 666.67
奉　节　县	5 802.93	8 911.28	3 695.30	
巫　山　县	3 169.40	3 371.79	287.13	18 915.80
巫　溪　县	2 002.91	8 217.88	237.39	43 599.62
石　柱　县	7 292.52	6 174.86	2 570.64	169 375.00
秀　山　县	3 602.26	12 171.43	326.75	76 074.07
酉　阳　县	4 633.22	9 305.26	824.53	202 036.66
彭　水　县	4 487.18	2 890.99		50 396.83
万　盛　区	10 573.39	10 340.38	10 471.43	866 666.67
高　新　区	3 427.30	7 727.58	1 198.62	

全市各区县淡水养殖单产水平（二）

地　　区	按养殖方式分			
	冷水鱼（千克/米²）	流水养殖（千克/米²）	工厂化（千克/米³）	其他（池塘内循环流水，集装箱）（千克/米²）
全市总计	12.14	4.91	10.63	19.90
万 州 区				
涪 陵 区				1.86
大渡口区				
江 北 区				
沙坪坝区			44.71	
九龙坡区			37.88	
南 岸 区		0.15		
北 碚 区				51.72
綦 江 区				
大 足 区			15.00	52.14
渝 北 区				
巴 南 区				2.91
黔 江 区	9.05	20.00	130.56	
长 寿 区				35.64
江 津 区			0.87	5.02
合 川 区		2.23	0.67	4.50
永 川 区		3.60		17.86
南 川 区				
璧 山 区			2.00	19.33
铜 梁 区			6.25	180.61
潼 南 区				
荣 昌 区				
开 州 区	15.65			24.80
梁 平 区			24.45	96.48
武 隆 区		28.42	100.00	26.59
城 口 县	5.17			
丰 都 县	10.01			
垫 江 县				
忠 　 县				
云 阳 县		6.80	1.25	
奉 节 县				
巫 山 县	10.80	1.72		
巫 溪 县		4.01		10.00
石 柱 县	16.94			
秀 山 县		3.92	6.81	11.11
酉 阳 县	20.20			
彭 水 县	7.60			1.27
万 盛 区				103.59
高 新 区			39.45	

第五部分

稻渔综合种养情况

全市各区县稻渔综合种养情况

地　　区	产量 （吨）	面积 （公顷）	单产水平 （千克/公顷）
全市总计	23 221.19	32 777.27	708.45
万 州 区	614.80	327.73	1 875.93
涪 陵 区	142.00	90.00	1 577.78
大渡口区			
江 北 区			
沙坪坝区			
九龙坡区			
南 岸 区			
北 碚 区			
綦 江 区	261.83	161.33	1 622.95
大 足 区	3 766.00	3 713.30	1 014.19
渝 北 区		69.00	
巴 南 区	883.00	1 334.00	661.92
黔 江 区	224.00	465.63	481.07
长 寿 区	165.00	98.40	1 676.83
江 津 区	290.00	1 315.94	220.37
合 川 区	1 906.00	1 708.00	1 115.93
永 川 区	2 420.00	3 228.00	749.69
南 川 区	667.00	1 671.01	399.16
璧 山 区	290.00	1 214.00	238.88
铜 梁 区	1 762.39	1 839.97	957.84
潼 南 区	3 898.00	7 244.00	538.10
荣 昌 区	1 900.00	6 000.00	316.67
开 州 区	144.00	190.00	757.89
梁 平 区	672.80	500.24	1 344.95
武 隆 区	201.57	320.23	629.45
城 口 县	2.00		
丰 都 县	446.00	52.51	8 493.62
垫 江 县	133.80	95.39	1 402.66
忠　　县	1 001.00	300.00	3 336.67
云 阳 县	67.00	70.00	957.14
奉 节 县	3.00	1.20	2 500.00
巫 山 县			
巫 溪 县	2.00	7.00	285.71
石 柱 县	817.00	30.00	27 233.33
秀 山 县	333.00	400.00	832.50
酉 阳 县	102.00	174.00	586.21
彭 水 县	77.00	123.14	625.30
万 盛 区	7.00	29.00	241.38
高 新 区	22.00	4.25	5 176.47

第六部分

水 产 苗 种

全市各区县水产苗种数量（一）

地 区	淡水鱼苗 （万尾）	其中：罗非鱼	淡水鱼种 （吨）
全市总计	799 277.51	1 261.00	67 228.19
万 州 区	4 678.01		2 362.10
涪 陵 区	8 930.00		1 195.00
大 渡 口 区	25.00	1.00	52.00
江 北 区			
沙 坪 坝 区			30.00
九 龙 坡 区	1 734.00	450.00	
南 岸 区			
北 碚 区	7 737.00	2.00	1 387.00
綦 江 区	1 350.00		20.00
大 足 区	4 624.50		3 629.49
渝 北 区			
巴 南 区	2 660.00	15.00	2 389.00
黔 江 区	1 865.00		225.00
长 寿 区	46 900.00		4 935.00
江 津 区	90 582.00	15.00	6 204.00
合 川 区	63 340.00	11.00	7 151.00
永 川 区	314 470.00	1.00	10 198.00
南 川 区	3 614.00		399.00
璧 山 区	1 150.00	60.00	219.00
铜 梁 区	20 178.00	658.00	3 022.00
潼 南 区	138 784.00		8 326.00
荣 昌 区	39 853.00		287.60
开 州 区			2 550.00
梁 平 区			5 994.00
武 隆 区	4 242.00		664.00
城 口 县	12.00		51.00
丰 都 县	1 882.00		64.00
垫 江 县	4 082.00	10.00	1 429.00
忠 县	4 996.00	33.00	1 251.00
云 阳 县	20 897.00		1 405.00
奉 节 县	408.00		520.00
巫 山 县	1 097.00		58.00
巫 溪 县	5.00		
石 柱 县	50.00		255.00
秀 山 县	7 800.00		420.00
酉 阳 县			130.00
彭 水 县	863.00		30.00
万 盛 区	469.00	5.00	376.00
高 新 区			

全市各区县水产苗种数量（二）

地　　区	投放鱼种 （吨）	稚鳖 （千只）	稚龟 （千只）	虾类育苗 （万尾）
全市总计	110 016.14	578.00	17.00	70 554.71
万 州 区	4 156.40			
涪 陵 区	2 116.00			
大渡口区	52.00			
江 北 区				
沙坪坝区	1 291.00			
九龙坡区	725.00			
南 岸 区	339.06			
北 碚 区	1 090.00	65.00	4.00	
綦 江 区	2 407.00			
大 足 区	4 471.28			58 300.00
渝 北 区	2 486.00			
巴 南 区	4 246.40	10.00		152.00
黔 江 区	956.00			
长 寿 区	7 540.00	20.00		178.01
江 津 区	9 799.00	17.00	2.00	1.00
合 川 区	9 063.00	165.00		10.20
永 川 区	9 839.00	6.00		278.00
南 川 区	2 985.00			
璧 山 区	2 142.00			
铜 梁 区	7 487.00	25.00		38.00
潼 南 区	7 875.00	140.00		10 237.50
荣 昌 区	2 270.00			410.00
开 州 区	7 203.00	57.00		
梁 平 区	6 667.00			
武 隆 区	1 208.00			
城 口 县	51.00			
丰 都 县	1 495.00			
垫 江 县	2 812.00			
忠　　县	1 799.00	30.00	11.00	
云 阳 县	2 518.00	3.00		
奉 节 县	520.00			
巫 山 县	128.00			
巫 溪 县	145.00			
石 柱 县	500.00			
秀 山 县	540.00	40.00		250.00
酉 阳 县	323.00			700.00
彭 水 县	102.00			
万 盛 区	349.00			
高 新 区	320.00			

第七部分

水产品加工

全市各区县水产品加工企业基本情况

地　区	水产品加工企业		
	企业数（个）	加工能力（吨/年）	规模以上水产品加工企业（个）
全市总计	15	4 206	6
万　州　区	2	694	2
涪　陵　区			
大渡口区			
江　北　区			
沙坪坝区			
九龙坡区			
南　岸　区	1		
北　碚　区			
綦　江　区			
大　足　区			
渝　北　区			
巴　南　区			
黔　江　区			
长　寿　区	1	12	
江　津　区			
合　川　区			
永　川　区			
南　川　区			
璧　山　区			
铜　梁　区			
潼　南　区			
荣　昌　区			
开　州　区	2	300	
梁　平　区	1	650	1
武　隆　区	1	2 000	1
城　口　县			
丰　都　县			
垫　江　县			
忠　　　县	3	150	1
云　阳　县	2	285	1
奉　节　县			
巫　山　县	1	100	
巫　溪　县			
石　柱　县			
秀　山　县	1	15	
酉　阳　县			
彭　水　县			
万　盛　区			
高　新　区			

全市各区县水产品冷库基本情况

地 区	水产品冷库			
	冷库数（座）	冻结能力（吨/日）	冷藏能力（吨/次）	制冰能力（吨/日）
全市总计	30	37 906	155 874	102
万 州 区	1	20	32	10
涪 陵 区				
大渡口区				
江 北 区		12 000	5 000	20
沙坪坝区				
九龙坡区	1		50	
南 岸 区				
北 碚 区				
綦 江 区				
大 足 区				
渝 北 区				
巴 南 区				
黔 江 区				
长 寿 区				
江 津 区				
合 川 区				
永 川 区				
南 川 区				
璧 山 区				
铜 梁 区				
潼 南 区				
荣 昌 区				
开 州 区	7	750		
梁 平 区		15	600	25
武 隆 区	3	7	12	15
城 口 县	5	10	30	10
丰 都 县				
垫 江 县				
忠 县	4			5
云 阳 县				
奉 节 县				
巫 山 县	1	4		
巫 溪 县				
石 柱 县				
秀 山 县	7	100	150	17
酉 阳 县				
彭 水 县				
万 盛 区				
高 新 区	1	25 000	150 000	

全市各区县水产加工品产量（一）

单位：吨

地　　区	水产加工品总量	淡水加工品	海水加工品	1. 冷冻水产品	冷冻品	冷冻加工品
全市总计	2 323	1 723	600	1 059	873	186
万 州 区	706	706				
涪 陵 区						
大渡口区						
江 北 区						
沙坪坝区						
九龙坡区						
南 岸 区	23	23				
北 碚 区						
綦 江 区						
大 足 区						
渝 北 区						
巴 南 区						
黔 江 区						
长 寿 区	32	32		20	20	
江 津 区						
合 川 区						
永 川 区						
南 川 区						
璧 山 区						
铜 梁 区						
潼 南 区						
荣 昌 区						
开 州 区	116	116		43		43
梁 平 区	650	50	600	650	650	
武 隆 区	178	178				
城 口 县						
丰 都 县						
垫 江 县						
忠　　县	300	300		300	200	100
云 阳 县	260	260				
奉 节 县						
巫 山 县	43	43		43		43
巫 溪 县						
石 柱 县						
秀 山 县	15	15		3	3	
酉 阳 县						
彭 水 县						
万 盛 区						
高 新 区						

全市各区县水产加工品产量（二）

单位：吨

地　　区	2. 鱼糜制品及干腌制品	鱼糜制品	干腌制品	3. 罐制品	4. 其他水产加工品
全市总计	932	9	923	50	282
万 州 区	634		634	50	22
涪 陵 区					
大渡口区					
江 北 区					
沙坪坝区					
九龙坡区					
南 岸 区	23		23		
北 碚 区					
綦 江 区					
大 足 区					
渝 北 区					
巴 南 区					
黔 江 区					
长 寿 区	4	4			8
江 津 区					
合 川 区					
永 川 区					
南 川 区					
璧 山 区					
铜 梁 区					
潼 南 区					
荣 昌 区					
开 州 区	73	5	68		
梁 平 区					
武 隆 区	178		178		
城 口 县					
丰 都 县					
垫 江 县					
忠 县					
云 阳 县	20		20		240
奉 节 县					
巫 山 县					
巫 溪 县					
石 柱 县					
秀 山 县					12
酉 阳 县					
彭 水 县					
万 盛 区					
高 新 区					

全市各区县水产加工品产量（三）

单位：吨

地　　区	用于加工的 水产品量	淡水产品	海水产品	部分水产品 年加工量	克氏原螯虾	罗非鱼
全市总计	3 048	2 248	800	55	15	40
万 州 区	674	674				
涪 陵 区						
大 渡 口 区						
江 北 区						
沙 坪 坝 区						
九 龙 坡 区						
南 岸 区	23	23				
北 碚 区						
綦 江 区						
大 足 区						
渝 北 区						
巴 南 区						
黔 江 区						
长 寿 区	50	50				
江 津 区						
合 川 区						
永 川 区						
南 川 区						
璧 山 区						
铜 梁 区						
潼 南 区						
荣 昌 区						
开 州 区	187	187				
梁 平 区	880	80	800			
武 隆 区	537	537				
城 口 县						
丰 都 县						
垫 江 县						
忠 县	350	350				
云 阳 县	270	270		55	15	40
奉 节 县						
巫 山 县	65	65				
巫 溪 县						
石 柱 县						
秀 山 县	12	12				
酉 阳 县						
彭 水 县						
万 盛 区						
高 新 区						

第八部分

渔船年末拥有量

全市各区县机动渔船年末拥有量

地　　区	渔业船舶合计			机动渔船			非机动渔船	
	艘	总吨	千瓦	艘	总吨	千瓦	艘	总吨
全市总计	462	5 090.25	25 025.99	291	2 236.85	25 025.99	171	2 853.40
万 州 区	38	211.00	1 418.00	38	211.00	1 418.00		
涪 陵 区	7	111.00	1 152.10	7	111.00	1 152.10		
大渡口区								
江 北 区	2	23.00	349.00	2	23.00	349.00		
沙坪坝区	1	17.00	254.00	1	17.00	254.00		
九龙坡区								
南 岸 区								
北 碚 区	2	6.00	162.00	2	6.00	162.00		
綦 江 区								
大 足 区								
渝 北 区	1	8.00	230.00	1	8.00	230.00		
巴 南 区	6	85.00	1 481.00	6	85.00	1 481.00		
黔 江 区	4	27.00	533.00	4	27.00	533.00		
长 寿 区	242	1 988.00	3 171.00	93	767.00	3 171.00	149	1 221.00
江 津 区	7	85.00	2 051.60	7	85.00	2 051.60		
合 川 区	15	129.00	2 388.00	15	129.00	2 388.00		
永 川 区	1	11.00	320.00	1	11.00	320.00		
南 川 区								
璧 山 区								
铜 梁 区	10	32.00	650.60	10	32.00	650.60		
潼 南 区	11	22.00	571.00	11	22.00	571.00		
荣 昌 区								
开 州 区	5	24.70	577.30	5	24.70	577.30		
梁 平 区								
武 隆 区	4	22.00	503.50	4	22.00	503.50		
城 口 县								
丰 都 县	5	29.00	347.00	5	29.00	347.00		
垫 江 县								
忠　　县	44	130.80	758.09	24	119.40	758.09	20	11.40
云 阳 县	28	1 135.00	1 688.00	27	214.00	1 688.00	1	921.00
奉 节 县	8	783.75	2 164.00	7	83.75	2 164.00	1	700.00
巫 山 县	11	127.00	3 006.00	11	127.00	3 006.00		
巫 溪 县								
石 柱 县								
秀 山 县								
酉 阳 县	8	67.00	1 007.80	8	67.00	1 007.80		
彭 水 县	2	16.00	243.00	2	16.00	243.00		
万 盛 区								
高 新 区								

全市各区县生产渔船年末拥有量

地　　区	生产渔船		
	艘	总吨	千瓦
全市总计	95	617.00	1 553.00
万　州　区	6	31.00	74.00
涪　陵　区			
大 渡 口 区			
江　北　区			
沙 坪 坝 区			
九 龙 坡 区			
南　岸　区			
北　碚　区			
綦　江　区			
大　足　区			
渝　北　区			
巴　南　区			
黔　江　区			
长　寿　区	85	586.00	1 479.00
江　津　区			
合　川　区			
永　川　区			
南　川　区			
璧　山　区			
铜　梁　区			
潼　南　区			
荣　昌　区			
开　州　区			
梁　平　区			
武　隆　区	4		
城　口　县			
丰　都　县			
垫　江　县			
忠　　　县			
云　阳　县			
奉　节　县			
巫　山　县			
巫　溪　县			
石　柱　县			
秀　山　县			
酉　阳　县			
彭　水　县			
万　盛　区			
高　新　区			

全市各区县辅助渔船年末拥有量

地　区	辅助渔船			其中：渔业执法船		
	艘	总吨	千瓦	艘	总吨	千瓦
全市总计	196	1 619.85	23 472.99	169	1 446.85	23 038.10
万 州 区	32	180.00	1 344.00	32	180.00	1 344.00
涪 陵 区	7	111.00	1 152.10	7	111.00	1 152.10
大 渡 口 区					9.00	
江 北 区	2	23.00	349.00	2	23.00	
沙 坪 坝 区	1	17.00	254.00	1	17.00	254.00
九 龙 坡 区						
南 岸 区						
北 碚 区	2	6.00	162.00	2	6.00	162.00
綦 江 区						
大 足 区						
渝 北 区	1	8.00	230.00	1	8.00	230.00
巴 南 区	6	85.00	1 481.00	6	85.00	1 481.00
黔 江 区	4	27.00	533.00	4	27.00	533.00
长 寿 区	8	181.00	1 692.00	5	180.00	1 630.00
江 津 区	7	85.00	2 051.60	7	85.00	2 051.60
合 川 区	15	129.00	2 388.00	15	129.00	2 388.00
永 川 区	1	11.00	320.00	1	11.00	320.00
南 川 区						
璧 山 区						
铜 梁 区	10	32.00	650.60	10	32.00	650.60
潼 南 区	11	22.00	571.00	11	22.00	571.00
荣 昌 区						
开 州 区	5	24.70	577.30	5	24.70	577.30
梁 平 区						
武 隆 区		22.00	503.50	4	22.00	503.50
城 口 县						
丰 都 县	5	29.00	347.00	5	29.00	347.00
垫 江 县						
忠 　 县	24	119.40	758.09	6	73.40	629.20
云 阳 县	27	214.00	1 688.00	27	214.00	1 688.00
奉 节 县	7	83.75	2 164.00	7	83.75	2 164.00
巫 山 县	11	127.00	3 006.00			3 006.00
巫 溪 县						
石 柱 县						
秀 山 县				1	8.00	105.00
酉 阳 县	8	67.00	1 007.80	8	67.00	1 007.80
彭 水 县	2	16.00	243.00	2		243.00
万 盛 区						
高 新 区						

全市各区县机动渔船年末拥有量（按船长分）

地 区	24米（含）以上			12（含）～24米			12米以下		
	艘	总吨	千瓦	艘	总吨	千瓦	艘	总吨	千瓦
全市总计	5	355.00	3 489.00	71	1 074.10	8 296.00	215	807.75	13 240.99
万 州 区				22	160.00	732.00	16	51.00	686.00
涪 陵 区	1	80.00	480.00				6	31.00	672.10
大渡口区									
江 北 区				2	23.00	349.00			
沙坪坝区				1	17.00	254.00			
九龙坡区									
南 岸 区									
北 碚 区							2	6.00	162.00
綦 江 区									
大 足 区									
渝 北 区							1	8.00	230.00
巴 南 区				1	34.00	480.00	5	51.00	1 001.00
黔 江 区							4	27.00	533.00
长 寿 区	1	95.00	810.00	24	505.00	928.00	68	167.00	1 433.00
江 津 区				2	42.00	524.00	5	43.00	1 527.60
合 川 区				1	56.00	267.00	14	73.00	2 121.00
永 川 区							1	11.00	320.00
南 川 区									
璧 山 区									
铜 梁 区				1	8.00	198.00	9	24.00	452.60
潼 南 区				1	5.00	135.00	10	17.00	436.00
荣 昌 区									
开 州 区				2	17.70	261.00	3	7.00	316.30
梁 平 区									
武 隆 区							4	22.00	503.50
城 口 县									
丰 都 县				1	14.00	190.00	4	15.00	157.00
垫 江 县									
忠 县				2	70.40	482.00	22	49.00	276.09
云 阳 县	1	80.00	480.00	1	14.00	190.00	25	120.00	1 018.00
奉 节 县	1	50.00	910.00	2	24.00	940.00	4	9.75	314.00
巫 山 县	1	50.00	809.00	6	62.00	2 050.00	4	15.00	147.00
巫 溪 县									
石 柱 县									
秀 山 县									
酉 阳 县				1	11.00	158.00	7	56.00	849.80
彭 水 县				1	11.00	158.00	1	5.00	85.00
万 盛 区									
高 新 区									

第九部分

渔业人口与从业人员

全市各区县渔业人口与从业人员（一）

地　　区	渔业村（个）	渔业户（户）	渔业人口（人）	传统渔民（人）	渔业从业人员（人）
全市总计	5	87 231	348 228	280	303 005
万　州　区		6 519	21 287		32 863
涪　陵　区		2 592	8 681		5 961
大 渡 口 区		120	370		317
江　北　区					79
沙 坪 坝 区		560	1 815		1 775
九 龙 坡 区		755	2 438		3 778
南　岸　区		216			502
北　碚　区		1 627	2 020		3 904
綦　江　区		610	2 415		2 030
大　足　区		6 704	24 478		16 193
渝　北　区		284	1 062		914
巴　南　区		2 971	7 927		5 735
黔　江　区		1 527	5 688		10 052
长　寿　区		1 487	8 132		4 154
江　津　区		14 706	70 267		58 758
合　川　区		1 441	26 303		9 292
永　川　区		5 603	26 095		15 276
南　川　区		8 765	26 086		19 805
璧　山　区		1 920	5 837		4 526
铜　梁　区		906	5 162		12 311
潼　南　区		8 627	32 890		27 586
荣　昌　区		2 050	6 863		2 408
开　州　区		3 475	15 483		15 147
梁　平　区	5	985	2 781	280	2 539
武　隆　区		1 580	5 034		4 888
城　口　县		114	385		222
丰　都　县		1 367	5 159		3 775
垫　江　县		1 931	6 776		11 561
忠　　　县		865	4 010		3 267
云　阳　县		1 804	6 122		10 389
奉　节　县		1 503	5 085		4 191
巫　山　县		261	770		675
巫　溪　县		172	581		480
石　柱　县		2 020	5 325		2 715
秀　山　县		443	2 215		1 957
酉　阳　县		380	1 137		869
彭　水　县		69	289		783
万　盛　区		272	980		542
高　新　区			280		786

全市各区县渔业人口与从业人员（二）

单位：人

地　　区	专业从业人员	其中：女性	按专业类别分	
			养殖	其他
全市总计	140 819	41 917	128 824	11 995
万　州　区	8 600	2 592	5 579	3 021
涪　陵　区	2 524	351	2 327	197
大渡口区	150	117	138	12
江　北　区	4		4	
沙坪坝区	325	71	311	14
九龙坡区	988	185	988	
南　岸　区				
北　碚　区	2 044	1 027	1 720	324
綦　江　区	834	171	700	134
大　足　区	6 072	887	6 072	
渝　北　区	178	39	169	9
巴　南　区	2 908	324	2 895	13
黔　江　区	2 281	93	1 918	363
长　寿　区	1 636	169	1 593	43
江　津　区	41 056	15 341	41 054	2
合　川　区	1 779	413	1 779	
永　川　区	6 653	4 822	6 599	54
南　川　区	7 926	3 572	7 158	768
璧　山　区	1 699	594	1 503	196
铜　梁　区	6 051	1 337	6 051	
潼　南　区	16 628	3 032	16 628	
荣　昌　区	1 011	162	1 011	
开　州　区	5 422	116	3 744	1 678
梁　平　区	1 044	379	545	499
武　隆　区	1 334	162	1 251	83
城　口　县	139	2	105	34
丰　都　县	1 635	383	1 173	462
垫　江　县	5 873	1 350	3 426	2 447
忠　　　县	2 265	610	2 015	250
云　阳　县	5 436	2 438	4 800	636
奉　节　县	2 891	461	2 891	
巫　山　县	141	21	113	28
巫　溪　县	173	53	161	12
石　柱　县	465	183	225	240
秀　山　县	1 646	342	1 329	317
酉　阳　县	230	37	145	85
彭　水　县	156	3	156	
万　盛　区	402	48	348	54
高　新　区	220	30	200	20

全市各区县渔业人口与从业人员（三）

单位：人

地　区	兼业从业人员	其中：女性	临时从业人员	其中：女性
全市总计	114 572	30 101	47 614	11 119
万 州 区	19 626	3 611	4 637	903
涪 陵 区	2 569	744	868	262
大 渡 口 区	90		77	
江 北 区			75	
沙 坪 坝 区	496	215	954	318
九 龙 坡 区	1 810	1 130	980	620
南 岸 区	502	312		
北 碚 区	1 860	933		
綦 江 区	721	229	475	101
大 足 区	6 446	1 978	3 675	778
渝 北 区	427	144	309	32
巴 南 区	2 113	551	714	143
黔 江 区	4 011	106	3 760	26
长 寿 区	1 587	307	931	88
江 津 区	11 893	4 118	5 809	1 802
合 川 区	6 532	2 253	981	246
永 川 区	7 457	1 738	1 166	234
南 川 区	9 685	1 532	2 194	637
璧 山 区	2 420	547	407	55
铜 梁 区	4 316	1 066	1 944	641
潼 南 区	8 998	3 722	1 960	727
荣 昌 区	1 016	101	381	53
开 州 区	7 112	1 159	2 613	336
梁 平 区	649	242	846	456
武 隆 区	1 442	178	2 112	29
城 口 县	63	15	20	7
丰 都 县	1 557	321	583	92
垫 江 县	2 850	1 530	2 838	1 021
忠　县	505	143	497	142
云 阳 县	2 747	395	2 206	386
奉 节 县	921	143	379	92
巫 山 县	221	45	313	42
巫 溪 县	153	46	154	38
石 柱 县	630	295	1 620	522
秀 山 县	170	10	141	20
酉 阳 县	242	44	397	59
彭 水 县	385	122	242	80
万 盛 区	84	21	56	11
高 新 区	266	55	300	120

第十部分

渔业经济总产值和增加值

全市各区县渔业经济总产值（按当年价格计算）（一）

单位：万元

地　　区	渔业经济总产值	1. 渔业	淡水养殖	其中：水产苗种
全市总计	2 230 799.49	1 428 650.00	1 428 650.00	95 689.81
万 州 区	100 464.00	61 932.00	61 932.00	8 379.00
涪 陵 区	96 843.00	60 003.00	60 003.00	3 730.00
大 渡 口 区	679.00	472.00	472.00	
江 北 区	44 259.00	564.00	564.00	
沙 坪 坝 区	30 303.00	9 925.00	9 925.00	
九 龙 坡 区	13 029.00	8 199.00	8 199.00	
南 岸 区	4 674.00	2 440.00	2 440.00	
北 碚 区	10 448.64	7 924.00	7 924.00	860.61
綦 江 区	39 904.31	25 196.00	25 196.00	65.00
大 足 区	91 426.84	72 840.00	72 840.00	15 787.03
渝 北 区	29 702.00	18 805.00	18 805.00	
巴 南 区	105 659.00	59 624.00	59 624.00	2 838.00
黔 江 区	19 966.13	10 269.00	10 269.00	283.20
长 寿 区	153 025.00	110 719.00	110 719.00	8 267.00
江 津 区	92 120.62	70 160.00	70 160.00	10 992.88
合 川 区	172 295.00	133 773.00	133 773.00	2 582.00
永 川 区	228 383.32	104 193.00	104 193.00	17 732.67
南 川 区	35 280.11	30 096.00	30 096.00	551.86
璧 山 区	40 462.00	31 438.00	31 438.00	
铜 梁 区	129 251.00	103 140.00	103 140.00	4 113.10
潼 南 区	124 707.50	82 890.00	82 890.00	2 164.80
荣 昌 区	34 129.00	31 529.00	31 529.00	457.00
开 州 区	146 101.46	94 790.00	94 790.00	3 035.00
梁 平 区	146 345.00	48 345.00	48 345.00	
武 隆 区	19 058.70	15 259.00	15 259.00	
城 口 县	2 783.74	2 139.00	2 139.00	
丰 都 县	44 690.53	37 976.00	37 976.00	138.28
垫 江 县	52 534.49	42 224.00	42 224.00	3 452.38
忠 　 县	81 545.00	45 814.00	45 814.00	4 498.00
云 阳 县	42 855.00	34 585.00	34 585.00	2 970.00
奉 节 县	9 459.44	8 851.00	8 851.00	
巫 山 县	3 518.00	2 886.00	2 886.00	106.00
巫 溪 县	5 127.46	3 361.00	3 361.00	11.00
石 柱 县	24 076.00	20 906.00	20 906.00	860.00
秀 山 县	26 787.00	15 567.00	15 567.00	1 450.00
酉 阳 县	8 900.00	8 328.00	8 328.00	365.00
彭 水 县	3 823.00	2 635.00	2 635.00	
万 盛 区	5 097.20	3 522.00	3 522.00	
高 新 区	11 086.00	5 331.00	5 331.00	

全市各区县渔业经济总产值（按当年价格计算）（二）

单位：万元

地 区	2. 渔业工业和建筑业	水产品加工	渔用机具制造	渔船渔机修造	渔用绳网制造
全市总计	149 413.99	21 757.00	952.35		952.35
万 州 区	4 308.00	3 887.00			
涪 陵 区	1 010.00				
大渡口区					
江 北 区					
沙坪坝区					
九龙坡区					
南 岸 区	500.00	500.00			
北 碚 区					
綦 江 区					
大 足 区	1 027.75		469.37		469.37
渝 北 区					
巴 南 区	7 722.00				
黔 江 区	1 041.79				
长 寿 区	6 431.00	211.00	470.00		470.00
江 津 区					
合 川 区	11 300.00				
永 川 区	63 000.35		5.98		5.98
南 川 区					
璧 山 区	1 646.00				
铜 梁 区	1 730.10		7.00		7.00
潼 南 区					
荣 昌 区	1 219.00				
开 州 区	9 384.00	2 145.00			
梁 平 区	33 000.00	10 000.00			
武 隆 区	1 060.00	1 060.00			
城 口 县					
丰 都 县					
垫 江 县					
忠 县	2 079.00	999.00			
云 阳 县	1 605.00	1 605.00			
奉 节 县					
巫 山 县					
巫 溪 县					
石 柱 县					
秀 山 县	1 350.00	1 350.00			
酉 阳 县					
彭 水 县					
万 盛 区					
高 新 区					

全市各区县渔业经济总产值（按当年价格计算）（三）

单位：万元

地　　区	2. 渔业工业和建筑业（续）		
	渔用饲料	渔用药物	建筑业
全市总计	104 524.53	549.58	21 630.53
万 州 区	301.00	120.00	
涪 陵 区		10.00	1 000.00
大渡口区			
江 北 区			
沙坪坝区			
九龙坡区			
南 岸 区			
北 碚 区			
綦 江 区			
大 足 区	132.38		426.00
渝 北 区			
巴 南 区	3 846.00		3 876.00
黔 江 区			1 041.79
长 寿 区	5 500.00	250.00	
江 津 区			
合 川 区	11 300.00		
永 川 区	59 752.65	2.58	3 239.14
南 川 区			
璧 山 区			1 646.00
铜 梁 区	625.50	22.00	1 075.60
潼 南 区			
荣 昌 区	1 164.00	25.00	30.00
开 州 区			7 239.00
梁 平 区	21 000.00		2 000.00
武 隆 区			
城 口 县			
丰 都 县			
垫 江 县			
忠 　 县	903.00	120.00	57.00
云 阳 县			
奉 节 县			
巫 山 县			
巫 溪 县			
石 柱 县			
秀 山 县			
酉 阳 县			
彭 水 县			
万 盛 区			
高 新 区			

全市各区县渔业经济总产值（按当年价格计算）（四）

单位：万元

地　　区	3. 渔业流通和服务业	水产流通	水产（仓储）运输	休闲渔业	其他
全市总计	652 735.50	345 197.73	53 597.82	248 927.22	5 012.73
万 州 区	34 224.00	23 081.00	90.00	11 053.00	
涪 陵 区	35 830.00	31 266.00	2 240.00	2 324.00	
大 渡 口 区	207.00	20.00		187.00	
江 北 区	43 695.00	41 911.00		1 784.00	
沙 坪 坝 区	20 378.00	13 500.00	2 000.00	4 878.00	
九 龙 坡 区	4 830.00	1 225.00		3 605.00	
南 岸 区	1 734.00			1 734.00	
北 碚 区	2 524.64	260.65	92.40	2 135.00	36.59
綦 江 区	14 708.31	3 579.89	6 147.75	4 980.67	
大 足 区	17 559.09	14 592.09		2 213.00	754.00
渝 北 区	10 897.00	841.00		10 056.00	
巴 南 区	38 313.00	19 658.00	2 949.00	14 984.00	722.00
黔 江 区	8 655.34	5 332.61		3 322.73	
长 寿 区	35 875.00	12 577.50	6 358.50	16 936.00	3.00
江 津 区	21 960.62	4 253.08	3 389.39	14 202.00	116.15
合 川 区	27 222.00	17 649.45	2 345.87	6 821.69	404.99
永 川 区	61 189.97	26 464.45	6 372.52	28 353.00	
南 川 区	5 184.11	1 490.34	297.77	3 396.00	
璧 山 区	7 378.00	4 383.00	879.00	2 096.00	20.00
铜 梁 区	24 380.90	5 750.00	3 981.70	14 649.20	
潼 南 区	41 817.50	8 407.00	1 754.50	30 094.00	1 562.00
荣 昌 区	1 381.00	120.00		1 261.00	
开 州 区	41 927.46	33 003.01	1 062.45	7 862.00	
梁 平 区	65 000.00	41 596.50	5 561.30	17 842.20	
武 隆 区	2 739.70	1 998.70		741.00	
城 口 县	644.74	8.74		636.00	
丰 都 县	6 714.53	3 809.51	886.02	2 019.00	
垫 江 县	10 310.49	8 594.00	318.99	1 285.00	112.50
忠 县	33 652.00	7 851.00	2 001.00	23 800.00	
云 阳 县	6 665.00	5 594.00		1 071.00	
奉 节 县	608.44		71.94	479.00	57.50
巫 山 县	632.00	123.00	56.00	453.00	
巫 溪 县	1 766.46	1 172.01	95.72	498.73	
石 柱 县	3 170.00	1 300.00	600.00	50.00	1 220.00
秀 山 县	9 870.00	1 650.00	1 400.00	6 820.00	
酉 阳 县	572.00	284.00		284.00	4.00
彭 水 县	1 188.00	680.00	98.00	410.00	
万 盛 区	1 575.20	71.20	16.00	1 488.00	
高 新 区	5 755.00	1 100.00	2 532.00	2 123.00	

第十一部分

渔 业 灾 情

全市各区县渔业灾害造成的面积损失

地　　区	受灾养殖面积 （公顷）	台风、洪涝	病害	干旱	其他
全市总计	6 376.75	5 475.43	95.96	797.36	8.00
万 州 区	185.66	183.66		2.00	
涪 陵 区	20.33	20.00	0.33		
大渡口区					
江 北 区					
沙坪坝区					
九龙坡区	16.09	16.09			
南 岸 区					
北 碚 区	38.82	38.62		0.20	
綦 江 区	17.37	17.37			
大 足 区	330.84	319.74		11.10	
渝 北 区					
巴 南 区	61.70	61.70			
黔 江 区	37.03	26.83		9.20	1.00
长 寿 区	170.74	67.24		99.50	4.00
江 津 区	451.67	229.67	1.10	220.90	
合 川 区	157.85	99.72	8.00	49.13	1.00
永 川 区	689.10	322.97	67.01	299.12	
南 川 区					
璧 山 区	190.27	190.27			
铜 梁 区	1 153.02	1 153.02			
潼 南 区	1 694.66	1 694.66			
荣 昌 区	435.34	393.34	2.00	40.00	
开 州 区					
梁 平 区	4.40	4.40			
武 隆 区	3.33		0.02	3.31	
城 口 县	535.30	535.30			
丰 都 县	12.83	10.83			2.00
垫 江 县	146.20	86.00	17.50	42.70	
忠　　县					
云 阳 县					
奉 节 县	0.80	0.80			
巫 山 县					
巫 溪 县					
石 柱 县					
秀 山 县					
酉 阳 县	23.40	3.20		20.20	
彭 水 县					
万 盛 区					
高 新 区					

全市各区县渔业灾害造成的产量损失

地　　区	水产品产量损失 （吨）	台风、洪涝	病害	干旱	其他
全市总计	7 821.62	6 973.21	272.12	564.29	12.00
万 州 区	1 596.22	1 517.62	49.60	29.00	
涪 陵 区	11.00	9.00	2.00		
大渡口区					
江 北 区					
沙坪坝区					
九龙坡区	109.80	109.80			
南 岸 区					
北 碚 区	86.37	80.77		5.60	
綦 江 区	33.44	33.44			
大 足 区	645.45	645.45			
渝 北 区					
巴 南 区	39.10	39.10			
黔 江 区	193.56	159.00		33.56	1.00
长 寿 区	374.81	277.71	26.00	66.10	5.00
江 津 区	357.00	297.00		60.00	
合 川 区	276.96	221.00	3.00	51.96	1.00
永 川 区	900.57	570.68	149.12	180.77	
南 川 区					
璧 山 区	212.11	212.11			
铜 梁 区	2 111.91	2 111.91			
潼 南 区	364.00	364.00			
荣 昌 区	200.50	125.50	10.00	65.00	
开 州 区					
梁 平 区	8.55	8.55			
武 隆 区	1.90		0.50	1.40	
城 口 县	28.00	28.00			
丰 都 县	22.07	17.07			5.00
垫 江 县	225.30	130.50	31.90	62.90	
忠　　县					
云 阳 县					
奉 节 县	15.00	15.00			
巫 山 县					
巫 溪 县					
石 柱 县					
秀 山 县					
酉 阳 县	8.00			8.00	
彭 水 县					
万 盛 区					
高 新 区					

全市各区县渔业灾害造成的数量损失

地　　区	损毁渔业设施				
	池塘 （公顷）	堤坝 （米）	泵站 （座）	护岸 （米）	苗种繁育场 （个）
全市总计	396.37	8 605.60	2	2 190.00	3
万 州 区	92.36	1 000.00			2
涪 陵 区					
大渡口区					
江 北 区					
沙坪坝区					
九龙坡区					
南 岸 区					
北 碚 区	0.80	955.00			
綦 江 区		223.50			
大 足 区	106.99	864.10			
渝 北 区					
巴 南 区	55.70				
黔 江 区	4.00	30.00			
长 寿 区		269.00			
江 津 区		2 600.00			
合 川 区					
永 川 区	12.00	240.00			
南 川 区					
璧 山 区		354.00			
铜 梁 区	84.22	1 920.00		2 190.00	
潼 南 区	20.00				
荣 昌 区	20.00	150.00	2		1
开 州 区					
梁 平 区					
武 隆 区					
城 口 县	0.30				
丰 都 县					
垫 江 县					
忠　　县					
云 阳 县					
奉 节 县					
巫 山 县					
巫 溪 县					
石 柱 县					
秀 山 县					
酉 阳 县					
彭 水 县					
万 盛 区					
高 新 区					

全市各区县渔业灾害造成的经济损失（一）

地　区	水产品经济损失 （万元）	台风、洪涝	病害	干旱	其他
全市总计	15 187.40	13 799.17	329.75	1 033.98	24.50
万 州 区	3 732.90	3 676.90		56.00	
涪 陵 区	163.00	160.00	3.00		
大 渡 口 区					
江 北 区					
沙 坪 坝 区					
九 龙 坡 区	100.00	100.00			
南 岸 区					
北 碚 区	206.11	206.11			
綦 江 区	81.08	81.08			
大 足 区	1 522.19	1 522.19			
渝 北 区					
巴 南 区	41.80	41.80			
黔 江 区	279.18	139.20		137.98	2.00
长 寿 区	488.45	361.35	10.00	102.10	15.00
江 津 区	158.50	70.50	2.00	86.00	
合 川 区	268.34	173.38	4.00	89.96	1.00
永 川 区	1 831.26	1 221.99	256.37	352.90	
南 川 区					
璧 山 区	367.95	367.95			
铜 梁 区	3 407.55	3 407.55			
潼 南 区	1 502.60	1 502.60			
荣 昌 区	333.30	250.30	12.50	70.00	0.50
开 州 区					
梁 平 区	16.00	16.00			
武 隆 区	4.90		2.10	2.80	
城 口 县	195.00	195.00			
丰 都 县	63.67	57.67			6.00
垫 江 县	304.62	208.60	39.78	56.24	
忠　　县					
云 阳 县					
奉 节 县	39.00	39.00			
巫 山 县					
巫 溪 县					
石 柱 县					
秀 山 县					
酉 阳 县	80.00			80.00	
彭 水 县					
万 盛 区					
高 新 区					

全市各区县渔业灾害造成的经济损失（二）

地　　区	损毁渔业设施 （万元）	池塘	堤坝	泵站	护岸
全市总计	3 856.67	2 637.80	1 025.72	2.00	5.65
万 州 区	2 144.60	1 839.60	200.00		
涪 陵 区					
大渡口区					
江 北 区					
沙坪坝区					
九龙坡区					
南 岸 区					
北 碚 区	80.60	6.50	74.10		
綦 江 区	11.42		11.42		
大 足 区	41.50		41.50		
渝 北 区					
巴 南 区	60.00		60.00		
黔 江 区	27.00	15.00	12.00		
长 寿 区	303.40		257.00		
江 津 区	5.50		5.50		
合 川 区					
永 川 区	872.60	612.60	260.00		
南 川 区					
璧 山 区	39.30		37.20		
铜 梁 区	149.75	67.10	47.00		5.65
潼 南 区	15.00	15.00			
荣 昌 区	26.00	2.00	20.00	2.00	
开 州 区					
梁 平 区					
武 隆 区					
城 口 县	80.00	80.00			
丰 都 县					
垫 江 县					
忠　　县					
云 阳 县					
奉 节 县					
巫 山 县					
巫 溪 县					
石 柱 县					
秀 山 县					
酉 阳 县					
彭 水 县					
万 盛 区					
高 新 区					

全市各区县渔业灾害造成的经济损失（三）

地 区	损毁渔业设施（万元）（续）				直接经济损失合计（万元）
	防波堤	工厂化养殖	苗种繁育场	其他	
全市总计	20		102	63.50	19 044
万 州 区			100	5.00	5 878
涪 陵 区					163
大渡口区					
江 北 区					
沙坪坝区					
九龙坡区					100
南 岸 区					
北 碚 区					287
綦 江 区					93
大 足 区					1 564
渝 北 区					
巴 南 区					102
黔 江 区					306
长 寿 区				46.40	792
江 津 区					164
合 川 区					268
永 川 区					2 704
南 川 区					
璧 山 区				2.10	407
铜 梁 区	20			10.00	3 557
潼 南 区					1 518
荣 昌 区			2		359
开 州 区					
梁 平 区					16
武 隆 区					5
城 口 县					275
丰 都 县					64
垫 江 县					305
忠 　 县					
云 阳 县					
奉 节 县					39
巫 山 县					
巫 溪 县					
石 柱 县					
秀 山 县					
酉 阳 县					80
彭 水 县					
万 盛 区					
高 新 区					

第十二部分

渔业专用塘及池塘养殖大户

全市各区县渔业专用塘及池塘养殖大户情况（一）

地 区	渔业专用塘			池塘养殖大户	
	面积 （亩）	产量 （吨）	平均单产 （千克/亩）	户数 （户）	面积 （亩）
全市总计	470 173.58	368 853.52	784.50	2 056	193 131.21
万 州 区	29 430.00	18 218.00	619.03	69	6 931.00
涪 陵 区	18 544.00	15 573.01	839.79	59	5 913.00
大渡口区	217.00	174.00	801.84		
江 北 区	240.00	152.00	633.33		
沙坪坝区	2 535.00	3 238.64	1 277.57	10	730.00
九龙坡区	5 858.00	2 318.00	395.70	10	840.00
南 岸 区	160.00	124.00	775.00	1	60.00
北 碚 区	1 368.00	1 411.71	1 031.95	8	765.40
綦 江 区	8 374.00	8 160.23	974.47	29	2 656.70
大 足 区	29 048.00	17 846.12	614.37	138	11 480.00
渝 北 区	5 937.00	4 591.00	773.29	18	1 237.00
巴 南 区	15 596.00	12 950.60	830.38	65	5 516.00
黔 江 区	7 356.00	2 952.38	401.36	17	1 437.77
长 寿 区	23 394.00	30 546.50	1 305.74	142	13 139.38
江 津 区	24 307.00	21 260.01	874.65	158	14 378.00
合 川 区	38 460.00	33 262.00	864.85	223	25 427.00
永 川 区	48 993.00	37 554.31	766.52	219	18 801.80
南 川 区	8 675.00	6 784.00	782.02	25	3 029.00
璧 山 区	9 866.00	6 313.00	639.87	21	1 574.00
铜 梁 区	43 788.00	36 898.83	842.67	189	16 439.60
潼 南 区	36 995.00	23 180.00	626.57	230	26 154.26
荣 昌 区	18 544.00	8 554.80	461.32	70	5 662.90
开 州 区	9 626.00	11 983.00	1 244.86	44	4 078.00
梁 平 区	23 685.00	21 101.13	890.91	70	5 852.20
武 隆 区	3 174.00	3 586.86	1 130.08	16	1 213.50
城 口 县	240.00	399.91	1 666.29		
丰 都 县	6 198.58	4 953.97	799.21	46	3 356.00
垫 江 县	11 840.00	7 874.37	665.07	63	7 095.70
忠 县	8 902.00	8 902.00	1 000.00	46	3 385.00
云 阳 县	12 973.00	6 616.00	509.98	23	1 805.00
奉 节 县	689.00	511.88	742.93	3	250.00
巫 山 县	925.00	496.51	536.77	5	285.00
巫 溪 县	955.00	410.56	429.91	7	680.00
石 柱 县	2 172.00	2 260.00	1 040.52	8	695.00
秀 山 县	5 250.00	4 260.00	811.43	8	670.00
西 阳 县	1 302.00	779.00	598.31	1	75.00
彭 水 县	572.00	212.00	370.63	5	703.00
万 盛 区	2 055.00	1 425.52	693.68	6	547.00
高 新 区	1 930.00	1 017.67	527.29	4	268.00

全市各区县渔业专用塘及池塘养殖大户情况（二）

地 区	池塘养殖大户（续）			
	50（含）～100 亩		100（含）～500 亩	
	户数（户）	面积（亩）	户数（户）	面积（亩）
全市总计	1 539	103 870.09	509	83 140.12
万 州 区	47	2 855.00	22	4 076.00
涪 陵 区	35	2 259.00	24	3 654.00
大 渡 口 区				
江 北 区				
沙 坪 坝 区	8	403.00	2	327.00
九 龙 坡 区	9	640.00	1	200.00
南 岸 区	1	60.00		
北 碚 区	7	590.40	1	175.00
綦 江 区	22	1 649.30	7	1 007.40
大 足 区	112	8 150.00	26	3 330.00
渝 北 区	15	897.00	3	340.00
巴 南 区	51	3 445.00	14	2 071.00
黔 江 区	10	623.00	7	814.77
长 寿 区	110	7 704.38	32	5 435.00
江 津 区	121	8 380.00	36	5 436.00
合 川 区	133	8 442.00	88	15 185.00
永 川 区	172	11 245.80	47	7 556.00
南 川 区	13	1 016.00	12	2 013.00
璧 山 区	17	1 069.00	4	505.00
铜 梁 区	139	8 587.65	50	7 851.95
潼 南 区	176	13 807.26	51	10 600.00
荣 昌 区	61	4 016.90	9	1 646.00
开 州 区	35	2 311.00	8	1 255.00
梁 平 区	56	3 638.20	14	2 214.00
武 隆 区	12	733.50	4	480.00
城 口 县				
丰 都 县	38	2 291.00	8	1 065.00
垫 江 县	51	4 034.70	11	1 561.00
忠 县	36	1 980.00	10	1 405.00
云 阳 县	18	1 050.00	5	755.00
奉 节 县	2	100.00	1	150.00
巫 山 县	4	177.00	1	108.00
巫 溪 县	5	280.00	2	400.00
石 柱 县	6	395.00	2	300.00
秀 山 县	7	350.00	1	320.00
酉 阳 县	1	75.00		
彭 水 县	2	148.00	3	555.00
万 盛 区	3	198.00	3	349.00
高 新 区	4	268.00		

全市各区县渔业专用塘及池塘养殖大户情况（三）

地　　区	池塘养殖大户（续）		稻田养殖面积	
	500 亩及以上		200 亩及以上	
	户数（户）	面积（亩）	户数（户）	面积（亩）
全市总计	8	6 121	173	54 842.41
万　州　区			6	1 850.00
涪　陵　区			2	1 195.00
大 渡 口 区				
江　北　区				
沙 坪 坝 区				
九 龙 坡 区				
南　岸　区				
北　碚　区				
綦　江　区				
大　足　区			24	8 812.04
渝　北　区				
巴　南　区				
黔　江　区			1	202.50
长　寿　区			3	1 100.00
江　津　区	1	562	1	300.00
合　川　区	2	1 800	11	5 582.00
永　川　区			13	4 496.87
南　川　区				
璧　山　区			4	960.00
铜　梁　区			1	220.00
潼　南　区	3	1 747	24	5 728.00
荣　昌　区			54	14 707.00
开　州　区	1	512	3	830.00
梁　平　区			7	3 425.00
武　隆　区			2	460.00
城　口　县				
丰　都　县				
垫　江　县	1	1 500		
忠　　　县			2	800.00
云　阳　县			3	1 000.00
奉　节　县				
巫　山　县				
巫　溪　县				
石　柱　县				
秀　山　县			3	760.00
酉　阳　县			5	1 114.00
彭　水　县			3	1 100.00
万　盛　区			1	200.00
高　新　区				

第十三部分

水产技术推广

全市水产技术推广机构数量情况

单位：个

级 别	机构数量			机构性质			
	合计	专业站	综合站	行政	事业单位		
					全额拨款	差额拨款	自收自支
总计	776	23	753	2	773	1	
省级	1	1			1		
地（市）级							
县（市）级	38	22	16	2	35	1	
区域站							
乡（镇）级	737		737		737		

全市水产技术推广机构经费情况

单位：万元

级 别	机构经费合计	人员经费	公用经费	项目经费
总计	29 250.00	12 174.41	2 592.16	14 483.43
省级	4 567.50	931.30	98.50	3 537.70
地（市）级				
县（市）级	16 122.45	4 080.92	1 145.80	10 895.73
区域站				
乡（镇）级	8 560.06	7 162.20	1 347.86	50.00

全市水产技术推广机构人员情况（一）

单位：人

级 别	编制人数	实有人数	实有人员情况						
			按性别分		按技术职称划分				
			男	女	正高级	副高级	中级	初级	其他
总计	1 283	1 229	847	382	13	171	497	269	279
省级	38	33	20	13	4	8	8	3	10
地（市）级									
县（市）级	323	277	206	71	9	53	111	48	56
区域站									
乡（镇）级	922	919	621	298		110	378	218	213

全市水产技术推广机构人员情况（二）

单位：人

级 别	实有人员情况（续）									专业技术人员	编外人员
	按文化程度划分						按年龄结构划分				
	博士	硕士	本科	大专	中专	其他	35 岁及以下	36～49 岁	50 岁及以上		
总计	1	76	589	431	94	38	397	472	360	950	71
省级	1	12	13	7			3	11	19	23	23
地（市）级											
县（市）级		49	125	79	19	5	80	91	106	221	13
区域站											
乡（镇）级		15	451	345	75	33	314	370	235	706	35

全市水产技术推广机构能力条件情况（一）

| 级　别 | 试验示范基地 | | | | 办公用房
（米²） | 培训教室 | |
| | 自有实验示范基地 | | 合作试验示范基地 | | | | |
	数量 （个）	基地面积 （公顷）	数量 （个）	基地面积 （公顷）		数量 （个）	面积 （米²）
合计	6	62.00	138	1 653.93	17 830.85	46	3 860.00
省级			31	476.60	2 102.25	1	80.00
地（市）级							
县（市）级	6	62.00	100	1 093.33	3 751.00	11	1 040.00
区域站							
乡（镇）级			7	84.00	11 977.60	34	2 740.00

全市水产技术推广机构能力条件情况（二）

| 级　别 | 实验室 | | | 信息平台 | | | |
	数量 （个）	面积 （米²）	设备原值 （万元）	网站 （个）	手机平台 （个）	电话热线 （条）	技术简报 （种）
合计	44	8 605.68	2 720.80	9	178	1 534	105
省级	2	6 121.75	1 367.43	1	2	2	1
地（市）级							
县（市）级	42	2 483.93	1 353.37	2	50	909	65
区域站							
乡（镇）级				6	126	623	39

全市水产技术推广机构履职成效情况（一）

级　别	技术服务					
	示范关键技术（个）	检验检测（批次）	指导面积（公顷）	服务对象		
				指导农户（户）	指导企业（个）	指导合作组织（个）
合计	99	5 820	54 419.46	28 443	2 110	1 052
省级	4	1 326	1 780.00	425	31	31
地（市）级						
县（市）级	73	4 463	33 414.20	15 236	1 264	519
区域站						
乡（镇）级	22	31	19 225.26	12 782	815	502

全市水产技术推广机构履职成效情况（二）

级　别	渔民技术培训		推广人员继续教育		公共信息服务		
	期数（期）	人数（人次）	业务培训（人次）	学历教育（人次）	信息覆盖用户（户）	发布公共信息（条）	发放技术资料（份）
合计	340	14 975	1 149	252	20 808	127 540	132 149
省级	10	500	280		2 500	1 500	12 000
地（市）级							
县（市）级	156	8 000	414	236	8 924	107 062	66 240
区域站							
乡（镇）级	174	6 475	455	16	9 384	18 978	53 909

全市水产技术推广机构技术成果情况（一）

单位：个

级　别	技术成果数量	审定新品种	获奖情况			
			国家级	省部级	市厅级	县级
合计	3	1		4	12	16
省级						1
地（市）级						
县（市）级	3	1		4	11	5
区域站						
乡（镇）级						11

全市水产技术推广机构技术成果情况（二）

级　别	获得专利 （项）	发表论文 （篇）	制定标准/规范 （个）	出版图书 （本）
合计	2	13	3	2
省级		6	1	1
地（市）级				
县（市）级	2	7	2	1
区域站				
乡（镇）级				

全市水产技术推广机构技术成果登记情况

序号	项目名称	起止年限	任务来源	验收评价单位	承担单位	完成人
1	池塘生态种养循环技术研发及应用成果评价	2023年	国家大宗淡水鱼产业技术体系、重庆市生态渔产业技术体系、重大技术协同推广项目	中国水产学会、重庆市科学技术研究院	重庆市水产技术推广总站	王波
2	一种水产养殖尾水处理系统及处理方法	2023年	重庆市生态渔产业技术体系	重庆市梁平区科学技术局	重庆市梁平区畜牧渔业发展中心	唐仁军、张桂众　等

全市水产技术推广机构获奖情况

序号	奖项名称	颁发机构	获奖时间	奖项级别	获奖单位	完成人
1	全国农业农村系统先进个人	农业农村部	2023年12月	省部级	梁平区畜牧渔业发展中心	唐仁军
2	2023年重庆五一劳动奖章	重庆市总工会、重庆市人力资源与社会保障局	2023年4月	省部级	梁平区畜牧渔业发展中心	唐仁军
3	2022年度全国水产品市场信息工作优秀信息员	中国水产流通与加工协会	2023年10月	省部级	涪陵区畜牧水产技术推广站	刘小华
4	全国星级基层水产技术推广机构	全国水产技术推广总站	2023年12月	省部级	大足区	
5	全国星级基层水产技术推广机构	全国水产技术推广总站	2023年12月	省部级	开州区	

第十四部分

附　　录

渔业统计指标解释

第一章　水产品产量

第 1 条　水产品特征及产量统计范围

水产品指渔业（捕捞和养殖）生产活动的最终有效成果，它具有以下特征：

（1）它是渔业生产活动的成果。水产品既是渔业生产的劳动对象，也是渔业生产的劳动成果，它包括全部海淡水鱼类、甲壳类（虾、蟹）、贝类、头足类、藻类和其他类渔业产品。

（2）它是渔业生产活动的最终成果。渔业生产过程中的中间成果，如鱼苗、鱼种、亲鱼、转塘鱼、存塘鱼和自用作饵料的产品，不是最终成果，不能统计在水产品产量中。

（3）它是渔业生产活动的最终有效成果。水产品在上岸前已经腐烂变质，不能供人食用或加工成其他制品的，不统计在水产品产量中。

第 2 条　产量统计年度和统计者

（1）年水产品产量按日历年度计算。即从每年 1 月 1 日至 12 月 31 日止已从养殖水域捕捞起水或者已从天然水域捕捞并已返航卸港的水产品均统计在年产量中，有的生产渔船在外地收港卸鱼或者在海上由收购船扒载收购的，也按到港计算产量。

（2）水产品产量统计中，养殖产量按照水域所在地统计，国内捕捞产量按照渔船所属地统计，远洋渔业产量按照远洋渔业管理办法进行统计。

第 3 条　产量计量标准

除海蜇按三矾后的成品计量、各种藻类按干品计量外，其余各种水产品均按捕捞起水时鲜品实重（原始重量）计量。此外，供观赏的水生动物按个体计算。

第 4 条　养殖产量与捕捞产量划分原则

凡人工养殖并已起水的水产品数量为养殖产量，凡捕捞天然生长的水产品数量为捕捞产量。

（1）凡是人工投放苗种（不包括灌江纳苗）并进行人工饲养管理的淡水养殖水域中捕捞的水产品产量计算为淡水养殖产量，否则为淡水捕捞产量。

（2）凡是人工投放苗种或天然纳苗并进行人工饲养管理的海水养殖水域中捕捞的水产品产量计算为海水养殖产量，否则为海洋捕捞产量。

（3）稻田养殖起水的水产品，也计算为淡水养殖产量。

第 5 条　水产品分类

水产品分为海水产品和淡水产品两大类。

一、海水产品（略）

二、淡水产品

淡水产品包括淡水养殖产品和淡水捕捞产品。

1. 淡水养殖产品：包括鱼类、甲壳类（虾、蟹）、贝类、藻类和其他类产品。

（1）淡水养殖鱼类：鲟鱼、鳗鲡、青鱼、草鱼、鲢鱼、鳙鱼、鲤鱼、鲫鱼、鳊鲂、泥鳅、鲇鱼、鮰鱼、黄颡鱼、鲑鱼、鳟鱼、河鲀、短盖巨脂鲤、长吻鮠、黄鳝、鳜鱼、鲈鱼、乌鳢和罗非鱼等。

（2）淡水养殖甲壳类：虾和河蟹，其中虾包括罗氏沼虾、青虾、克氏原螯虾和南美白对虾等。

（3）淡水养殖贝类：河蚌、螺、蚬等。

（4）淡水养殖藻类：即螺旋藻。

（5）淡水养殖其他类产品：龟、鳖、蛙和珍珠等。

（6）观赏鱼统计按"条"计量，其重量不计入淡水养殖总产量。

2. 淡水捕捞产品：包括鱼类、甲壳类（虾、蟹）、贝类、藻类和其他类。其他类中包括丰年虫等。

第 6 条　海洋捕捞产量（按海区、渔具分类）（略）

第 7 条　海水养殖产量（按养殖水域分类）（略）

第 8 条　淡水养殖产量（按养殖水域分类）

按养殖水面类型不同，分为池塘、湖泊、水库、河沟、稻田及其他养殖方式。

第 9 条　部分养殖方式分类产量

（1）普通网箱：网箱一般由合成纤维如尼龙、聚氯乙烯等网线编织而成，装置在网箱架上。普通网箱面积均为数平方米到数十平方米。一般安置在港湾、沿岸、湖泊、水库和河沟等水域。

（2）深水网箱：深水网箱是一种大型海水网箱，主要有重力式聚乙烯网箱、浮绳式网箱和碟形网箱三种类型，具有抗风浪性能。网箱水体均为数百立方米到数千立方米。深水网箱一般安置在水深 20 米以下的海域。

（3）工厂化：工厂化养殖即按工艺过程的连续性和流水性的原则，通过机械或自动化设备，对养殖水体进行水质和水温的控制，保持最适宜于鱼类生长和发育的生态条件，使鱼类的繁殖、苗种培育、商品鱼的养殖等各个环节能相互衔接，形成一个独自的生产体系，以进行无季节性的连续生产，达到高效率、高速度的养殖目的。

第二章　水产养殖面积

第 10 条　水产养殖面积

水产养殖面积指在报告期内实际用于养殖水产品的水面面积，包括海水养殖面积和淡水养殖面积。在报告期内无论是否全部收获或尚未收获其产品，均应统计在养殖面积中。但有些水面不投放苗种或投放少量苗种，只进行一般管理的，不统计为养殖面积。养殖面积法定计量单位为公顷。

第 11 条　海水养殖面积 （略）

第 12 条　淡水养殖面积

淡水养殖面积指在淡水水域养殖水产品的水面面积，包括池塘、湖泊、水库、河沟和其他五部分。工厂化、稻田养殖不计入养殖总面积。

第 13 条　养殖面积核算

（1）海上、滩涂、池塘、湖泊、水库、河沟等方式养殖面积按照实际使用的水面计算，计量单位为公顷。

（2）普通网箱按照实际占用水面计算面积，计量单位为米^2。

（3）工厂化养殖：按照实际养殖水体的体积计算，计量单位为米^3。

（4）深水网箱：按照实际占用水的体积计算，计量单位为米^3。

（5）在江河、湖泊、水库投放苗种或灌江纳苗、增殖放流的水域不统计面积；湖泊、水库、河沟虽有专人管理，或有苗种投放，但人工养殖水产品起捕量不足 30％的水面也不统计为养殖面积（其产量列入捕捞产量）。

第三章　渔业经济总产值和增加值

第 14 条　渔业经济总产值和增加值

渔业经济总产值和增加值指以货币表现的核算期内渔业经济活动的总产

出和总成果，包括了全社会渔业、渔业工业和建筑业、渔业流通和服务业。

第 15 条　渔业产值和增加值

渔业产值指以货币表现的核算期内捕捞和养殖水产品的总产出和总成果。具体包括人工养殖的水生动物和海藻的产值、天然水生动物和天然海藻采集的产值，即包括海洋捕捞、海水养殖、淡水捕捞、淡水养殖产品的产出。其计算方法：水产品产量分别乘以其产品的现行价格。

渔业增加值指以货币表现的核算期内全社会从事渔业捕捞和养殖生产活动所创造的最终产品的价值，其计算方法：渔业总产出扣除渔业中间投入。

渔业产值和增加值的数据取自同级统计部门。

第 16 条　渔业工业、建筑业产值和增加值

渔业工业、建筑业产值和增加值指以货币表现的核算期内全社会从事水产品加工业、渔用机具制造业、渔用饲料工业、渔用药物制造业、渔业建筑业等的产出和成果。

水产品加工业产值等于加工产品量乘以现行价格，其增加值采用食品加工业增加值率进行推算。

渔用机具制造业产值、增加值等于渔船渔机修造业、渔用绳网制造业和其他设备制造业的产值、增加值之和；其产值计算方法主要采用"工厂法"计算，增加值的计算方法采用统计部门"规模以上工业企业总产值表"中的相应指标增加值率进行推算。

渔用饲料工业产值主要采用"工厂法"，增加值是渔用饲料工业现行总产出乘以"规模以上"饲料工业现价增加值率。

渔用药物制造业产值取同级相关部门统计年报表中的有关数据，其增加值等于渔用药物总产出乘以"规模以上"生物制药业现价增加值率。

渔业建筑业产值计算方法是从建筑产品所有方的建筑工程造价角度入手，依据投资完成额计算，其增加值采用建筑业增加值率来推算。

第 17 条　渔业流通和服务业产值和增加值

渔业流通和服务业包括渔业流通业，渔业（仓储）运输业，休闲渔业，渔业文化教育、科学技术和信息等产值和增加值。

渔业流通业产值以营业额来计算，其增加值等于渔业流通业产值乘以批

发零售贸易业现价增加值率进行推算。

渔业（仓储）运输业产值即营业收入，其增加值计算方法与建筑业相同。

休闲渔业产值包括涉渔的一切旅游服务业产值，以营业额计算，其增加值用旅游业增加值率进行推算。

渔业文化教育、科学技术和信息等产值及其增加值根据财政部门《一般预算支出决算明细表》和有关资料进行推算。

第 18 条　计算总产值的价格

计算总产值的价格按当年价格计算。

当年价格就是当年出售产品时的实际价格。水产品当年价格以各地渔业生产单位初次出售的价格的平均价格为依据；工业产品以报告期内的产品出厂价格为当年价格。商业以零售价格为当年价格。

第四章　渔业船舶拥有量

第 19 条　渔业船舶

渔业船舶指从事渔业生产的船舶以及为渔业生产服务的船舶，按有无推进动力分为机动渔业船舶和非机动渔业船舶。按生产性质分为生产渔船和辅助渔船。

国内海洋捕捞渔业船舶转为远洋渔业船舶的当年，应纳入远洋渔业船舶统计范围内，在国内渔船统计范围中不再进行统计。

第 20 条　机动渔业船舶

机动渔业船舶指依靠本船主机动力来推进的渔业船舶，分为渔业生产船和渔业辅助船。

渔业生产船是直接从事渔业捕捞和养殖活动的船舶统称。从事捕捞业活动的渔船为捕捞船，从事养殖业活动的渔船为养殖船。捕捞船，按主机总功率分为：441 千瓦（含）以上、44.1（含）～441 千瓦、44.1 千瓦以下三类；按船长分为：24 米（含）以上、12（含）～24 米、12 米以下；按作业方式分为拖网、围网、刺网、张网、钓具、其他共 6 类，有关解释请参照第 6 条的相关内容。

渔业辅助船指从事各种加工、贮藏、运输、补给、渔业执法等渔业辅助活动的渔业船舶统称，包括水产运销船、冷藏加工船、油船、供应船、科研调查船、教学实习船、渔港工程船、拖轮、驳船和渔业行政执法船等。其中捕捞辅助船指水产运销船、冷藏加工船、油船、供应船等为渔业捕捞生产提供服务的渔业船舶。钓具、围网等作业渔船中的子船纳入捕捞辅助船统计范围。

机动渔船年末拥有量应按数量、吨位、功率分别统计，各计量单位规定如下：

（1）数量的单位为"艘"，"艘"应按船舶单元计算，子母式作业船应分别统计。

（2）吨位的单位为"总吨"，"总吨"应为丈量确定的船舶总容积，每2.83米^{3}为1总吨。

（3）功率的单位为"千瓦"，"千瓦"应按主机总功率计算。1马力等于0.735千瓦。

第 21 条　非机动渔船

非机动渔船指无配置机器作为动力的渔船，依靠人力、风力、水力或其他船只带动的渔业船舶，包括风帆船、手摇船等。

第五章　渔业灾情

第 22 条　渔业灾情

渔业灾情指由于遭受自然灾害而造成水产品产量减少、苗种损失、设施损坏、水域污染以及人员伤亡等。

水产品损失指由于自然灾害造成的水产品损失数量和金额。

受灾养殖面积指由于自然灾害造成水产品产量损失在10％以上的养殖面积。

渔业设施损毁指由于台风（洪涝）造成池塘、网箱（鱼排）、围栏、渔船损坏或沉没、堤坝、泵站、涵闸、码头、护岸、防波堤、工厂化养殖场及苗种繁育场等被毁，从而造成的渔业设施毁坏的数量和金额。

人员损失指由于自然灾害而造成人员失踪、死亡和重伤的人数。

病害损失指由于自然灾害导致水产品发病而造成的水产品损失数量和金额。

第六章　渔业人口与渔业从业人员

第 23 条　渔业乡和渔业村

在农村中，从事渔业生产与经营的人员占全部从业人员 50％以上或渔业产值占农业产值的比重 50％以上的乡、村，即为渔业乡和渔业村；达不到上述标准的，但一直是以经营渔业为主，并经上级主管部门批准定为渔业乡、村的，亦可统计为渔业乡和渔业村。

第 24 条　渔业户（家庭）

渔业户指农（渔）村和城镇住户中主要从事渔业生产与经营的家庭。凡家庭主要劳动力或多数劳动力从事渔业生产与经营的时间占全年劳动时间 50％（6个月）以上或渔业纯收入占家庭纯收入总额 50％以上者均可统计为渔业户。

第 25 条　渔业人口

渔业人口指依靠渔业生产和相关活动维持生活的全部人口，包括实际从事渔业生产和相关活动的人口及其赡（抚）养的人口，具体如下：

（1）直接从事渔业生产和相关活动的在业人口。

（2）兼营渔业和其他非渔业劳动者中，凡从事渔业生产和相关活动的时间全年累计达到或超过 3 个月者，或者虽全年累计不足 3 个月，但渔业纯收入占纯收入总额比重超过 50％者。

（3）由从事渔业生产和相关活动的人口赡（抚）养的人口。

（4）在既有渔业劳动者又有非渔业劳动者的家庭中，根据渔业与非渔业纯收入比例分摊的被渔业劳动者赡（抚）养的人口。

渔业人口中的传统渔民：指凡渔业乡、渔业村的渔业人口均可称为传统渔民。

第 26 条　渔业从业人员

渔业从业人员：全社会中 16 岁以上，有劳动能力，从事一定渔业劳动并取得劳动报酬或经营收入的人员。

渔业专业从业人员：全年从事渔业活动 6 个月以上或 50％以上的生活来源依赖渔业活动的渔业从业人员。

渔业兼业从业人员：全年从事渔业活动 3～6 个月或 20％～50％的生活来源依赖渔业活动的渔业从业人员。

渔业临时从业人员：全年从事渔业活动 3 个月以下或 20％以下的生活来源依赖渔业活动的渔业从业人员。

第七章　远洋渔业

第 27 条　远洋渔业产量和远洋渔船（略）

第八章　水产苗种

第 28 条　苗种

鱼苗：卵黄囊基本消失，鱼鳔充气，能平游主动摄食的仔鱼，包括人工孵化和江河湖海港湾采捕的天然鱼苗。

鱼种：鱼苗经培育后，发育至全体鳞片，鳍条长全，外观具有成鱼基本特征的幼鱼，一般全长在 1.7～23.3 厘米，因出塘季节和培育期的不同，又俗称为夏花、冬片、春片、秋片、仔口和老口。

扣蟹：蟹苗经数次蜕皮变成外形接近蟹形的仔蟹，再经过 4～5 个月饲养培育成每千克100～200 只性腺未成熟的幼蟹。

第 29 条　苗种数量统计原则

由苗种孵化或育成的单位归属统计，从他处购进或以其他方式取得苗种，不再进行统计。

第九章　水产加工业

第 30 条　水产加工企业

水产加工企业：从事水产品保鲜（保活）、保藏和加工利用的企业。

规模以上企业：年主营业务收入 500 万元以上的水产加工企业。

水产品加工能力：年加工处理水产品的总量。

第 31 条　水产冷库

水产冷库指主要用于水产品冻结、冷藏和制冰的场所，一般以低温冷藏库数作为冷库座数。

冷库的冻结能力、冷藏能力、制冰能力均指冷库建造设计的及后来改扩建新增的生产能力之和。

第 32 条　水产加工品

水产加工品指以水产品为原料，采用各种食品贮藏加工、水产综合利用技术和工艺所生产的产品，如冷冻冷藏品、腌制品、干制品、熏制品、罐头食品、各种生熟小包装食品，以及鱼油、鱼肝油、多烯脂肪酸制剂、饲料鱼粉、藻胶、碘、贝壳工艺品等。

一、水产冷冻品

水产冷冻品指为了保鲜，将水产品进行冷冻加工处理后得到的产品，包括冷冻品和冷冻加工品，但不包括商业冷藏品。

冷冻品泛指未改变其原始性状的粗加工产品，如冷冻全鱼、全虾等。

冷冻加工品指采用各种生产技术和工艺，改变其原始性状、改善其风味后制成的产品，如冻鱼片、冻虾仁、冷冻烤鳗、冻鱼籽等。

二、鱼糜制品和干腌制品

鱼糜制品指将鱼（虾、蟹、贝等）肉（或冷冻鱼糜）绞碎经配料、擂溃成为稠而富有黏性的鱼肉浆（生鱼糜），再做成一定形状后进行水煮（油炸或焙烤烘干）等加热或干燥处理而制成的食品，如鱼糜、鱼香肠、鱼丸、鱼糕、鱼饼、鱼面、模拟蟹肉等。

干腌制品指以水产品为原料，经脱水（烘干、烟熏、焙烤等）或添加腌制剂（盐、糖、酒、糟）制成具有保藏性和良好风味的产品，如烤鱼片、鱿鱼丝、鱼松、虾皮、虾米、海珍干品，以及海蜇、腌鱼、烟熏鱼、糟鱼、醉虾蟹、醉泥螺、卤甲鱼、水生动植物调味品（虾蟹酱、蚝油、鱼酱油）等。

藻类加工品指以海藻为原料，经加工处理制成具有保藏性和良好风味的方便食品，如海带结、干紫菜、调味裙带菜等。

三、水产罐制品

水产罐制品指以水产品为原料按照罐头工艺加工制成的产品，包括硬包装和软包装罐头，如鱼类罐头、虾贝类罐头等。

四、鱼粉

鱼粉指用低值水产品及水产品加工废弃物（如鱼骨、内脏、虾壳等）等为主要原料生产而成的加工品。

五、鱼油制品

鱼油制品指从鱼肉或鱼肝中提取油脂，并制成的产品，如粗鱼油、精鱼油、鱼肝油、深海鱼油等。

六、其他水产加工品

其他水产加工品指除上述加工产品之外的加工品统称，如助剂和添加剂（蛋白胨、褐藻胶、碘、甘露醇、卡拉胶、琼胶等）、珍珠加工品、贝壳工艺品、鱼酒、鱼奶等。

第十章　渔民家庭当年收支情况调查

第 33 条　家庭常住人口数

家庭常住人口数指全年经常在家或在家居住 6 个月以上，而且经济和生活与本户连成一体的人口数。外出从业人员在外居住时间虽然在 6 个月以上，但收入主要带回家中，经济与本户连为一体，仍视为家庭常住人口；在家居住，生活和本户连成一体的国家职工、退休人员也为家庭常住人口。但是现役军人、中专及以上（走读生除外）的在校学生，以及常年在外（不包括探亲、看病等）且已有稳定的职业与居住场所的外出从业人员，不应当作家庭常住人口。

第 34 条　家庭渔业从业人员人数

家庭渔业从业人员人数指家庭常住人口中从事渔业生产、销售、运输等活动累计 6 个月以上的人数。

第 35 条　全年总收入

全年总收入指调查期内被调查对象从各种来源渠道得到的收入总和。按收入的性质划分为家庭经营收入、工资性收入、财产净收入、转移性收入和政府生产补贴（惠农收入）。

第 36 条　家庭经营收入

家庭经营收入指以家庭为单位进行生产经营和管理而获得的收入，包括渔业（水产品及鱼苗）收入、其他家庭经营收入。

渔业收入：水产品及鱼苗用于市场交易的现金收入或自产自食的实物收入。市场交易的现金收入等于交易的水产品及鱼苗或与水产品有关的劳务活动量乘以市场价格，只要交易发生，包括现款和应收款都要计算为收入；自产自食的实物收入，按自食水产品数量乘以相应水产品成本价格计算。如某个水产品的市场平均价格为 10 元/千克，用于计算该水产品市场交易的现金收入；成本价格为 6 元/千克，用于计算自产自食的该水产品实物收入。

经营其他行业收入：渔民家庭自主经营的除渔业外的其他行业，如种植业、畜牧业、林业等第一产业，或从事第二、第三产业所取得的经营收入。第一产业的收入包括现金和实物两个部分，计算方法与渔业收入类似；第二、第三产业只计算现金部分。

第 37 条　工资性收入

工资性收入指渔民家庭中从业人员通过各种途径得到的全部劳动报酬和各种福利，包括在渔业生产劳动中获得的工资和在其他行业劳动中获得的工资。

工资的形式包含计时计件劳动报酬、奖金、津贴，以及单位代个人缴纳的养老保险、医疗保险、失业保险、房租费、水电费、托儿费、医疗费等，单位定期或不定期发放过节费、调动工作的安家费、相当于现金的通用购物卡、免费或低价提供的实物产品和服务折价、工作餐补贴折价，零星或兼职劳动中得到现金、实物补贴折价等，还包括股份制企业派发或奖励给员工的股票和期权。

工资按照收付实现制计算，只要是在调查期内实际得到的工资，无论该工资是补发还是预发，都应归为本期得到的工资收入。本调查期内应得但因拖欠等原因未得到的工资不应计入。

工资不包括因员工或员工家属大病、意外伤害、意外死亡等原因支付给员工或其遗属的抚恤金和困难补助金，应该将其列入转移性收入中的社会救济和补助收入。

第 38 条　财产净收入

财产净收入指渔民家庭住户或成员将其所拥有的金融资产和自然资源交由其他机构单位、住户或个人支配而获得的回报并扣除相关的费用之后得到的净收入。财产净收入包括利息净收入、红利收入、储蓄性保险净收益和转让承包土地或水面经营权租金净收入等。

利息净收入指利息收入扣除该住户或个人付给债权方的生活性借贷款利息支出后得到的净值。利息收入指按照双方事先约定的金融契约条件，借出金融资产（存款、债券、贷款和其他应收账款）的住户或个人从债务方得到的本金之外的附加额。利息收入是应得收入，包括各类定期和活期存款利息、债券利息、个人借款利息等，银行代扣的利息所得税也包括在内。

红利收入指住户或个人作为股东将其资金交由公司支配或处置而有权获得的收益。包括股票发行公司按入股数量定期分配的股息、年终分红以及从集体财产入股或其他投资分配得到的股息和红利。股票买卖结算后获得的收益（含亏损）不包含在内。

储蓄性保险净收益指住户或个人参加储蓄性保险，扣除缴纳的保险本金及相关费用后，所获得的保险净收益，不包括保险责任人对保险人给予的保险理赔收入。

转让承包土地或水面经营权租金净收入指住户将拥有经营权或使用权的土地转让给其他机构单位或个人获得的补偿性收入扣除相关成本支出后得到的净收入，也包括从其他机构单位或个人获得的实物形式的收入。

其他财产净收入指住户所得的除上述以外的其他财产净收入扣除相关的维护成本之后得到的净收入。如通过在国外购买的土地、矿产等自然资源获得的财产净收入等。

财产净收入不包括将非金融资产（如住房、生产经营用房、机械设备、专利、专有技术、商标商誉等）交由其他机构单位、住户或个人支配而获得的回报，应该计入"经营净收入"。财产净收入也不包括转让资产所有权的溢价所得，这些是"非收入所得"，不包含在本调查中。

第 39 条　转移性收入

转移性收入指国家、单位、社会团体对住户的各种经常性转移支付和住户之间的经常性收入转移。它包括政府、非行政事业单位、社会团体对居民转移的养老金或退休金、社会救济和补助、惠农补贴、政策性生活补贴、救灾款、经常性捐赠和赔偿以及报销医疗费等；住户之间的赡养收入、经常性捐赠和赔偿，以及农村地区（村委会）在外（含国外）工作的本住户非常住成员寄回带回的收入等。

转移性收入不包括住户之间的实物馈赠。

养老金或离退休金指根据国家有关文件规定或合同约定，在劳动者年老或丧失劳动能力后，根据他们对社会、单位所作的贡献和所具备的享受养老保险资格或退休条件，按月以货币形式或实物产品及服务给予的待遇，主要用于保障因年老或疾病丧失劳动能力的劳动者的基本生活需要。包括离退休人员的养老金或离退休金、生活补贴，农民享有的新型农村养老保险金，城镇居民享有的社会养老保险金，国家或地方政府给予城镇无保障老人的养老金，因工致伤离退休人员的护理费，退休人员异地安家补助费、取暖补贴、医疗费、旅游补贴、书报费、困难补助以及在原工作单位所得的各种其他收入，相当于现金的购物卡券也包含在内。也包括发给的实物和购买指定物品的票证、购物卡券，应同时计入相应的实物产品和服务项目中。

社会救济和补助指国家、机关企事业单位、社会团体和个人对各类特殊家庭、人员提供的特别津贴。包括国家对享受城镇居民最低生活保障待遇的家庭发放的最低生活保障金、对农村五保户发放的五保救助金、国家和社会及机构单位对特殊困难家庭给予的困难补助、扶贫款、救灾款、国家或机构单位向由于失去工作能力或意外死亡等原因而失去工作的职工或其遗属定期发放的抚恤金等。也包括发给的实物和购买指定物品的票证、购物卡券，应同时计入相应的实物产品和服务项目中。

惠农补贴指政府为扶持农业、林业、牧业、渔业和农林牧渔服务业，以现金或实物形式发放的各种生产补贴。现金形式发放的补贴包括粮食直补、购置和更新大型农机具补贴、良种补贴、购买生产资料综合补贴、退耕还林还草补贴、畜牧业补贴等生产性补贴。实物形式发放的补贴指政府低价或免费提供的相关产品和服务，如免费或低价提供的种子、农机具服务等。包括经营渔业的生产性补贴和经营其他产业的生产性补贴。在鱼塘改造中，如果是以渔民家庭为主进行投入建设，得到了政府补贴，计入渔民得到的惠农补贴；如果是政府直接奖励或投入改造建设，则按相关市场价格计入生产性固定资产。

政策性生活补贴指根据国家的有关规定，中央财政、各级地方财政给予家庭的相关政策性生活补贴。包括家电下乡和以旧换新等家电补贴、能源补贴、给农村寄宿制中小学生的生活补贴等；也包括其他低价或免费提供的实物产品和服务，如廉租房等。

报销医疗费指参加新型农村合作医疗、城镇职工基本医疗保险、（城镇）居民基本医疗保险、城乡居民大病保险的居民在购买药品、进行门诊治疗或住院治疗之后，从社保基金或单位报销的医疗费。报销医疗费属于一种实物收入。报销医疗费包括使用社保卡进行医疗服务付费时直接扣减的、由社保基金支付的部分。从商业医疗保险获得报销的医疗费不包括在内。

外出从业人员寄回带回收入指在外（含国外）工作的本住户非常住成员寄回、带回的收入。无论是以现金、汇款、转账、银行卡共享等任何形式寄回、带回的收入，都应计入。

赡养收入指亲友因赡养和抚养义务经常性给予住户及其成员的现金和实物收入。

其他经常转移收入指住户从除上述各项转移性收入以外得到的其他经常性转移收入。如经常性捐赠收入、经常性赔偿收入、失业保险金、亲友搭伙费等。

经常性捐赠收入指住户从他人、组织、社会团体处得到的经常性捐献或赠送收入。这种捐赠收入带有义务性和经常性，不包括遗产及一次性馈赠收入、婚丧嫁娶礼金所得、压岁钱等。捐赠收入与赡养收入的区别：赠送是对本住户的成员无赡养义务的其他住户或个人给本住户及其成员的现金。本住户成员内部间的捐赠收入和捐赠支出均不必记账。

经常性赔偿收入指住户及其成员因受到财产损失、人身伤害、精神损失得到的国家、单位、个人定期支付的经常性赔偿，不包括一次性赔偿所得。

第 40 条　全年总支出

全年总支出指渔民家庭全年用于生产、生活和再分配的全部支出。包括家庭经营费用支出、生产性固定资产折旧、税费支出、生活消费支出、转移性支出。

第 41 条　家庭经营费用支出

家庭经营费用支出指以家庭为单位从事生产经营活动而消费的商品和服务、自产自用产品。包括经营渔业费用支出和经营其他行业费用支出。

经营渔业费用支出包括燃料、水电及加冰费用、雇工费用、饲料费用、购买种苗费用，以及加工费用、修理费、承包或租用费等其他生产支出。其中燃料、水电费指用于生产的，不包括用于生活的支出；修理或改造费用等，指额度在 1 000 元以下的日常渔需物质支出，在此价值量之上的如渔具的大修理、鱼塘清淤、改造等较大规模投入，则按量按价计入固定资产。

经营其他行业费用支出指从事除渔业经营外的其他行业，如种植业、畜牧业、林业等第一产业，或从事第二、第三产业经营的支出。其计算方法参考经营渔业支出。

第 42 条　生产性固定资产原价及折旧

生产性固定资产指使用年限在 2 年及以上、单位价值在 1 000 元以上的房屋建筑物、机器设备、器具工具、役畜、产品畜等资产，其中渔业生产性固定资产包括生产用车船、精养鱼池、大型网具、防逃设施、涵闸、泵站等。

生产性固定资产原价指固定资产当初的购进价、新建价或开始转为固定资产的价值。自繁自养的幼畜成龄转作役畜、产品畜、种畜，按市场同类牲畜的平均价格计价。国家奖励和外单位赠送的固定资产按购置同类固定资产的价格参照其新旧程度酌情计价。

渔民家庭的生产性固定资产折旧按农业生产性固定资产折旧方法处理，即 15 年的使用期限。

第 43 条　税费支出

税费支出指渔民家庭以现金和实物形式缴纳的从事生产经营活动的各种税赋支出，以及承包费、一事一议款、以资代劳款、乡村提留、集资摊派等费用，包括经营渔业税费支出和经营其他产业税费支出。对于无法区分家庭产业经营活动的税费支出，按一定比例分摊。

第 44 条　转移性支出

转移性支出指渔民家庭或成员对国家、单位、住户或个人的经常性或义务性转移支付，包括缴纳的税款、各项社会保障支出、赡养支出、经常性捐赠和赔偿支出以及其他经常转移性支出等。

个人所得税指家庭或成员被扣缴的工资薪金所得、对企事业单位的承包经营承租经营所得、个体工商户的生产经营所得、劳务报酬所得、稿酬所得、特许权使用费所得、利息股息红利所得、财产租赁所得、财产转让所得、偶然所得、经国务院财政部门确定征税的其他所得等个人所得的税款。生产税、消费税不在其内。

社会保障支出指家庭成员参加国家法律、法规规定的社会保障项目中由单位和个人共同缴纳的保障支出。包括养老保险、医疗保险、失业保险、工伤保险、生育保险以及其他社会保障支出。

赡养支出指家庭成员因赡养和抚养义务而付给亲友的经常性现金和定期的实物支出。现金赡养支出应按实际发生的金额计算，不论是从报告期收入中开支的，还是从银行存款、手存现金以及其他所得中开支的，均应包含在内。

其他经常转移支出指家庭或成员除缴纳的税款、社会保障支出、赡养支出以外的其他经常性转移支出，如经常性捐赠支出、经常性赔偿支出、各种罚款（如交通罚款）；政府部门向居民提供服务收取的服务费，如迁户口的办理费、办理身份证费，缴纳工会费、党费、团费以及学会团体组织费等。

经常性捐赠支出指家庭或成员赠予他人的经常性和带有义务性的现金支出，包括向寺庙的经常性捐款、定期资助贫困学生或贫困地区的款项、个人对公共设施建设的各类捐款，如解困基金、水利基金、防洪基金等，但不包括以商品或服务方式给予他人的价值额。婚丧嫁娶礼金支出及一次性馈赠支出如压岁钱、探望病人给予的礼金等不含在内。经常性捐赠支出应按实际发生的金额计算，不论是从报告期收入中开支的，还是从银行存款、手存现金以及其他所得中开支的，均应包括在内。

经常性赔偿支出指家庭或成员向因受到财产损失、人身伤害、精神损失的国家、单位、个人定期支付的赔偿支出，不包括一次性赔偿支出。

第 45 条　生活消费支出

生活消费支出指渔民家庭用于满足家庭日常生活消费需要的全部支出，

包括伙食支出、烟酒支出、衣着支出、居住支出、生活用品支出、交通通信支出、教育文化娱乐支出、医疗保健支出、其他用品及服务支出。

伙食支出指渔民家庭住户购买粮、油、菜、肉、禽、蛋、奶、水产品、糖、饮料、干鲜瓜果等食品的支出，也包括在外饮食、餐馆外卖食品和其他饮食服务的支出，但不包括用于宠物食品的支出。

烟酒支出指渔民家庭住户用于烟草和酒类的支出。烟草包括卷烟、烟丝、烟叶。涵盖住户购买的所有烟草，包括在餐馆、酒吧等购买的烟草。不包括烟具。酒指用高粱、大麦、米、葡萄或其他水果发酵制成的含酒精饮料。主要有白酒、黄酒、葡萄酒、啤酒，包括低度酒精饮料或不含酒精的啤酒等。此处指买来在家喝的酒类，不包括在餐馆、旅馆、酒吧等消费的酒（在外饮食）。

衣着支出指渔民家庭住户用于穿着的支出，包括购买服装、服装材料、鞋类、其他衣类及配件，以及衣着相关加工服务的支出。

居住支出指渔民家庭住户用于居住的支出，包括房租、水、电、燃料、住房装潢、物业管理等方面的支出。

生活用品支出指渔民家庭住户购买家具和家用电器、日用杂品的支出。

家具和家用电器包括家具、家具材料、室内装饰品、家庭使用的各类大型器具和电器，小家电等，如冰箱、冷饮机、空调、洗衣机、吸尘器、干衣机、微波炉、洗碗机、消毒碗柜、炊具、炉灶、热水器、取暖器、保险柜、缝纫机、榨汁机、烤面包炉、酸奶机、熨斗、电水壶、电扇、电热毯等。

日用杂品包括床上用品、窗帘门帘和其他家用纺织品，以及洗涤及卫生用品、厨具、餐具、茶具、家用手工工具、其他日用品、护肤品、美容美发用品等。

交通通信支出指渔民家庭户在交通工具、交通费、通信器材、通信服务方面的支出。

交通工具包括家用汽车、摩托车、自行车及其他家庭交通工具。不包括经营用交通工具。

交通费包括乘坐各种交通工具（如飞机、火车、汽车、轮船等）所支付的交通费以及用于车辆使用的燃料费、停车费、维修费、车辆保险等。不包括因公出差暂由个人垫付的交通费。

通信工具包括固定电话机、移动电话机、寻呼机、传真机等。

通信服务费包括电话费、电话初装费、入网费、电信费、邮费等。

教育文化娱乐支出指渔民家庭户用于住户成员的教育活动、文化娱乐活动的支出。

教育包括职业技术培训费、学杂费、赞助费、一揽子教育服务费、教育用品支出等。文化娱乐包括用于文娱耐用消费品、其他文娱用品和文化娱乐服务。

文娱耐用消费品包括各种音像、摄影和信息处理设备，如彩色电视机、照相机、摄像机、组合音响、家用计算机，也包括中高档乐器、健身器材等，还包括文娱耐用消费品的零配件和维修。

其他文娱用品包括除教材及参考书以外的各种书报杂志及音像制品、文具纸张、体育户外用品、玩具、用于花鸟虫鱼等业余爱好的相关用品、宠物及宠物用品等其他文娱用品，也包括以上文娱用品的维修支出。

文化娱乐服务指和文化娱乐活动有关的各种服务费用。包括团体旅游、景点门票、体育健身活动、电影、话剧、演出票、有线电视费以及其他文化娱乐服务支出。

医疗保健支出指渔民家庭户购买医疗器具和药品，支付门诊和住院费方面的支出。

医疗器具和药品包括药品、滋补保健品、医疗卫生器具及用品和保健器具。

门诊和住院费指门诊和住院的医疗总费用，包括从各种医疗保险或其他医疗救助计划中获得的医药费和医疗费的报销款额；挂号费、诊疗费、注射费、手术费、透视费、镶牙费、出诊费、送药费、陪侍费、住院费、救护车费等；提供给门诊病人的药物、医疗器械和设备及其他保健产品。报销医疗费应按收付实现制记录，即仅当医疗费报销到手时才计入。

其他用品及服务指渔民家庭户在其他用品及服务方面的支出。

其他个人用品包括首饰、手表和其他杂项用品。

其他服务包括旅馆住宿费、美容美发洗浴、其他杂项服务。无法归入七大类服务支出的其他各项服务支出，如迷信、丧葬费、诉讼费、公证费、房地产中介服务费等也包含在内。

第 46 条　全年纯收入和渔业纯收入

全年纯收入指渔民家庭当年从各种来源得到的总收入相应地扣除所发生的费用后的收入总和。全年纯收入主要用于再生产投入和当年生活消费支出，也可用于储蓄和各种非义务性支出。渔民人均纯收入是按人口平均的纯收入水平，反映的是一个地区或一个渔民家庭的居民平均收入水平。计算方法：

全年纯收入＝全年总收入－家庭经营费用支出－生产性固定资产折旧－税费支出

渔业纯收入＝出售水产品收入＋从事渔业所获得的工资性收入＋渔业补贴－经营渔业支出－渔业固定资产折旧－渔业税费支出

第 47 条　可支配收入

可支配收入指渔民家庭户可用于最终消费支出和储蓄的总和，即可以用来自由支配的收入。可支配收入既包括现金，又包括实物收入。本调查按照收入的来源，可支配收入包含四项，分别为工资性收入、经营净收入、财产净收入、转移净收入。计算公式为：

可支配收入＝工资性收入＋经营净收入＋财产净收入＋转移净收入

其中：

经营净收入＝经营收入－经营费用－生产性固定资产折旧－税费支出

转移净收入＝转移性收入－转移性支出

第 48 条　渔民家庭收支调查台账首页及问卷

渔民家庭收支调查台账首页是用于采集渔民家庭收支情况基础数据的方法。在调查户中建立台账首页，按一定时间将发生收支情况通过问卷访问进行记录，由县级渔业统计人员按时间要求，直接通过村干部或村农业技术员收集或调查。本台账首页及问卷为参考表样，各地可根据实际情况自行设计，方便渔民理解。在台账首页中需要一次性填写的内容包括样本户地址及代码、居住房屋面积和估价、拥有大型网具价值、养殖面积、机动渔船数量、功率和吨位等。

样本户地址及代码指渔民家庭收支调查样本户的居住地址，按省、地、县、乡、村的行政地址填写，代码是国家统计局公布的标准代码（12 位）。村内的样本户按自然顺序编码。样本户所在的行政区划名称发生改变，但尚未获得国家标准名称和代码的，原地址和代码不变，可在备注中说明。

居住房屋面积指住宅用于生活居住的建筑面积，应扣除住宅中非生活居住（出租、生产或商用）的建筑面积。

建筑面积以房屋产权证或租赁证为准，也可按使用面积乘以 1.333 计算得出。如果没有相应证明，则由调查员根据本住宅或类似住宅判断填写。建筑面积应填写整数，不为整数时应四舍五入。

居住房屋的估价指居住房屋建筑本身的市场估值，仅包含建筑物本身的价值，不包含宅基地的价值。市场估值主要由调查员辅助住户进行填报。按农村地区的住宅市场估值方法进行估价，调查员预先了解本地区目前平均的房屋建造成本，并将这些信息提供给调查户。针对某个具体住宅，首先估计目前如果要建造同类住房所需要的成本，然后按照 30 年折旧的期限，根据住宅的建筑年份对剩余的价值进行折算。